走进神秘的宇宙

墨 人 ◎ 主编

吉林出版集团股份有限公司

图书在版编目（CIP）数据

走进神秘的宇宙 / 墨人主编. -- 长春:吉林出版
集团股份有限公司，2011.11
（读好书系列）
ISBN 978-7-5463-6941-9

Ⅰ. ①走… Ⅱ. ①墨… Ⅲ. ①宇宙—青年读物 ②宇宙
—少年读物 Ⅳ. ①P159-49

中国版本图书馆 CIP 数据核字（2011）第 219761 号

走进神秘的宇宙
ZOUJIN SHENMI DE YUZHOU

主　　编　墨　人
出 版 人　吴　强
责任编辑　尤　蕾
助理编辑　杨　帆
开　　本　710mm×1000mm　1/16
字　　数　100千字
印　　张　10
版　　次　2011 年 11 月第 1 版
印　　次　2022 年 9 月第 3 次印刷

出　　版　吉林出版集团股份有限公司
发　　行　吉林音像出版社有限责任公司
地　　址　长春市南关区福祉大路5788号
电　　话　0431-81629667
印　　刷　河北炳烁印刷有限公司

ISBN 978-7-5463-6941-9　　　　定价:34.50 元

前言

　　宇宙是广漠空间和其中存在的各种天体及弥漫物质的总称。千百年来，科学家一直在探寻宇宙奥秘。德国哲学家伊曼努尔·康德曾说过一段人类思想史上气势磅礴的名言："世界上有两件东西能够深深地震撼我们的心灵，一件是我们心中崇高的道德准则，另一件是我们头顶上灿烂的星空。"

　　当我们把目光投向浩瀚深邃的苍穹时，当我们面对交相辉映的点点繁星时，我们不禁心向往之。太空里有许许多多的星球，人类已不满足于对地球的认知，而开始向太空进军。随着科技不断进步，现在人类的宇宙飞船已经能够从容地翱翔太空。但这只是探索宇宙的初始阶段，宇宙的神秘面纱也仅仅被人类揭开了小小的一角而已。正所谓："路漫漫其修远兮，吾将上下而求索"。

　　为了方便读者对浩瀚的宇宙有一个初步的认识，我们把目前宇宙研究中取得的一些成绩和未解之谜加以整理，编辑成册，希望读者会从中受益！

　　　　　　　　　　　　编者

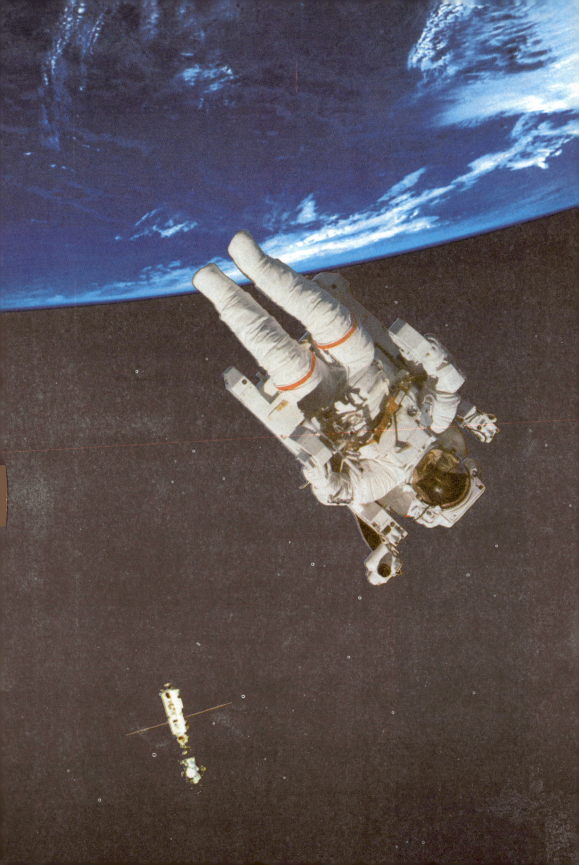

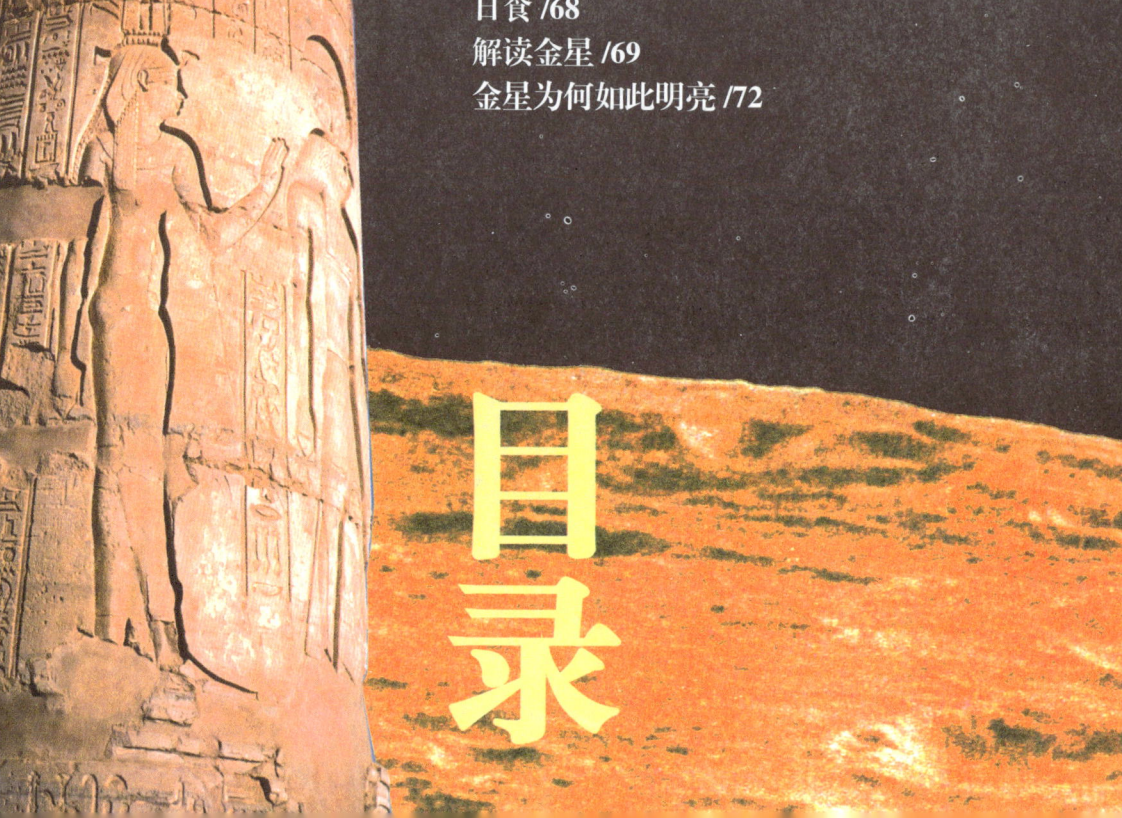

古代人的宇宙观 /1

宇宙的诞生 /7

膨胀或脉动的宇宙 /10

均匀的宇宙 /13

3％的宇宙 /15

宇宙有多大 /23

寻找宇宙的尽头 /25

宇宙的中心 /28

宇宙未来的命运 /30

宇宙中的物质 /32

奇特的宇宙绳论 /37

神奇的宇宙重力透镜 /39

宇宙中的黑洞与白洞 /42

宇宙中还有"太阳系"吗 /44

河外星系的发现 /46

形形色色的星系 /48

银河系中的其他行星上能有生命吗 /50

失落的世界 /53

新星和超新星的爆发 /55

五颜六色的恒星 /57

SS433 之谜 /58

天狼星变色之谜 /59

太阳系起源之猜测 /62

太阳系家族全貌 /64

揭开太阳的面纱 /66

日食 /68

解读金星 /69

金星为何如此明亮 /72

目录

对木星的考察 /73

木星会成为"第二个太阳"吗 /78

解读水星 /80

探索火星 /83

火星有两颗卫星 /88

火星上的水到哪里去了 /90

探索土星 /92

躺着旋转的天王星 /95

探索冥王星 /100

探测海王星 /101

彗星的传说 /104

彗星真是"晦气"之星吗 /106

是彗星把感冒传给了地球吗 /108

神秘的哈雷彗星蛋 /110

冶炼的小行星 /111

失踪的星星 /112

月球的来历之谜 /115

解读月球 /117

月球表面的环形山 /119

环形山是怎么形成的呢 /121

月球引发的灾变 /137

月食 /141

月球的盈亏圆缺 /143

月球也有自己的月亮 /144

月球真的有水吗 /147

月球将成为第八大洲 /149

脉冲信号之谜 /151

进入太空 /153

古代人的宇宙观

　　古代人的宇宙观是怎样的？他们是如何想象宇宙的模样的，又是如何观察宇宙现象的呢？古埃及历法中最早记录的年份是公元前4241年。古埃及的星图出现于公元前3000年左右，它意味着埃及已有天文学的系统研究。古埃及人知道水星、金星离太阳比火星、木星、土星离太阳要近。

　　几乎在4 000年之前，古巴比伦祭司就用楔形文字留下了对金星、火星、木星运行情况的观察记录。美索不达米亚的天文学知识比古埃及更为先进和精确，因为古巴比伦祭司能预测日食。

● 日　食

　　英国古代居民比古埃及或苏美尔人对天文学的了解更为透彻。巨石阵计算法的发明揭示了公元前2300年的巨石阵建造者对至点、分点和预测日食知识的精确掌握。复杂的巨石阵天文学传统需要数千年的发展方能形成，那么这种科学是在该地区独立发展出来的呢，还是从另一个文明中心引进的呢？

　　现在让我们先来看看月亮。《苏亚·西德汉塔》中有一段文字说："光芒四射的太阳为月亮提供了光线！"很显然，这里提到了月球反射光的特性。

　　公元前6世纪，古希腊哲学家巴门尼德发表了一个有关月亮的明确声明："它在夜间的光亮是借来的。"这很明显是有关太阳的光线在月球

●金星

表面得到反射的参考资料。埃姆皮德克利斯（前494—前434）也持有同样的看法："环绕地球的月亮的光是借的。"

在我们登月探索之前的25个世纪，古希腊哲学家德谟克里特就问道："月球上的那些标记是什么呢？"

"日食是月亮造成的。"约2500年前的古希腊哲学家阿那克萨哥拉（约前500—约前428）这样说。他也是第一个提出月食是地球的影子挡住了月球而造成的人。

古人还发现了月亮与潮汐之间的联系。古巴比伦天文学家塞鲁库斯正确地解释了海潮是由月亮的引力造成的。中国古代哲人也认为月亮的"拉动"使得海平面上升。

盖乌斯·尤利乌斯·恺撒不仅仅是一个学者，更是一个好将领，他写道："当月满之时，潮汐很高。"他正是在春潮很高时在英国登陆的，而这是2 000年之前的事了。当16世纪德国伟大的天文学家开普勒宣布他的"潮汐由月亮引起"的理论的时候，他遭到了教会严厉的指责和非难。开普勒无法争辩，因为他的一个亲属就在他面前被烧死，他的母亲戴着镣铐死于监狱中。这一段历史插曲说明曾经有过一个科学蒙昧的时代，而且那些试图复兴古代科学的人遭到了残酷的迫害。

由于月亮的轨道是椭圆形的，因此我们的这个卫星在新月的时候离地球3 219千米，在下弦点的时候离地球2 575千米。这一发现一般归功于第谷·布拉赫（1546—1601）。而另一个阿拉伯人的论文比他早6个世纪。10世纪阿拉伯天文学家阿布·瓦法撰写的文章《月亮的变差》中就提到了月亮的不规则晃动。

由于进行这些测量需要精密计时，而阿布·瓦法并没有任何好的钟表,因此他不可能观察月亮的变差。那么是谁发现了月亮的变差呢? 争论一直在进行。

我们再来看看太阳。2 500年前的阿那克萨哥拉勇敢地宣布:"太阳是一个巨大的炽热的金属团。"但是虔诚的雅典人却相信太阳是"阿波罗"的宝座。阿那克萨哥拉在不恰当的时间内说了一件正确的事情,因此被流放了。

在伽利略之前没有人了解有关太阳耀斑的情况。人们认为太阳作为一个完整的、神圣的星体,不可能有任何斑点。然而在2 000多年前中国人却留下了天文学史上最早的太阳黑子记录。

●意大利物理学家、天文学家和哲学家伽利略

玛雅文明的天文学知识达到了令人难以置信的程度。按照现在的天文学方法计算,一年的实际天数是365.242 2天;现在通用的公历规定一年为365.242 5天;玛雅历认为一年为365.242 0天,它最接近实际数字。换句话说,玛雅历比我们这个科学时代的历法还要精确。

科潘玛雅人认为一个月为29.530 20天;帕伦克玛雅人认为一个月为29.530 86天;按照现在的天文学方法计算,一个月是29.530 59天。实际上,正确的数据是科潘玛雅人与帕伦克玛雅人认为的数据的中间值。玛雅人在没有任何我们现在才拥有的精密仪器和天文钟的情况下,是怎么得出这些结论的呢?

现藏于大英博物馆的古巴比伦手抄本谈到了金星的新月,然而这个新月只有通过望远镜才能看到。

第一个观察了金星周期的天文学家是伽利略,他在1610年留下了这样的字谜来声明他的优先权:"爱之母维纳斯(金星)模仿了辛西娅(月亮)的形象。"

为什么古巴比伦人把金星叫作月亮的"姐妹"或者月亮的伟大"女儿"呢?为什么不称其为木星的姐妹或是女儿呢?这里的解释只能是古巴比伦的科学祭司以认识月亮的方式来认识金星的周期。

● 木 星

古巴比伦祭司还留下了木星的4颗大卫星的观察记录——这又是一件在没有望远镜的情况下做不到的事情。在提到这个事实的时候，乔治·罗尔林森教授写道："有一种说法很容易得到证实，他们既然能够观察到木星的4颗卫星，同样他们更有可能知道土星有7颗卫星。"在天文学史上，伽利略在1610年发现了木星的4颗卫星，在之后的1655年至1848年，先后由卡西尼、胡根斯、赫斯切尔、邦德等观察到了土星的卫星。那么古巴比伦人是怎么知道有这些卫星的呢？难道古巴比伦天文学祭司有超人的能力，或者是从另一个消失了的文明的传说中得到的？

仅仅在几个世纪之前，欧洲的学者和教士还认为地球是不动的——是宇宙的中心，甚至还认为只有一个平地和天空，星星是天空中用于通过伊甸园的洞。

但是在公元前5世纪，德谟克里特就说："宇宙空间布满了无数的星星，银河系只是相隔甚远的无数星星组成的巨大星团。"我们必须清楚地认识到，在德谟克里特时代，天空中能看得见的星星不超过600颗。他通过逻辑思维与想象勾勒出了关于宇宙的正确图画，而这些我们却是在最近的150年中才做到的。

米利都的泰勒斯（约前624—约前547）是一个天才。他认为星星也是由构成地球的物质构成的。这一宇宙物质性的思想埋没于中世纪，直到近代才得以重见天日。

23个世纪以前，萨摩斯的亚里士塔库斯说："我们与星星的距离是不可估量的。"

德谟克里特教导人们："有比我们能够看到的多得多的星星。"是什么使他认为在土星之外还有星星？在德谟克里特还年轻的时候，阿那克

●塞涅卡(约前4—后65),古罗马哲学家。

西美尼就谈到了"无光"伴星。当然,他是指另一个太阳系的行星。或许是我们低估了他的智慧和想象力?

塞涅卡(约前4—后65)在他的《自然质疑》一书中显示了他对天文学的远见卓识:"有多少天体,人类肉眼无法看到!当我们的记忆消失之后,有多少发现保留到未来的时代。"天王星、海王星、冥王星在上一个200年中才被发现。在塞涅卡的时代能看到的星星仅有几千颗,如今在我们的星册上已有数百万颗星星了。

通古斯,北亚的一个部落。1908年发掘出了他们的城市哈拉赫特。他们对发光体有一种奇怪的信仰。这些发光体是太阳、月亮、水星、金星、火星、木星、土星和行星斯斯(Tsi Tsi)、奥波(Ouebo)、拉胡(Rahu)和科图(Ketu)。毫无疑问拉胡和科图是月亮上行和下行的交点,而从印度天文学中借来的斯斯和奥波的身份则仍然是个谜,难道它们是天王星和海王星吗?

现在让我们来看看彗星。公元前1057年,中国就有了第一次哈雷彗星的记录。公元前11年,当时的研究者对哈雷彗星进行了9个星期的观察,就像今天的天文学家那样正确地描述了它

●土 星

● 彗 星

变化中的形状。

19个世纪以前的塞涅卡写下了这样的话："彗星像其他行星一样有自己的运行轨道。"亚里士多德也曾引用毕达哥拉斯的话来说明彗星每隔一段很长的时间出现一次。这一推测是伟大的,因为彗星并没有携带可供识别的标记。阿波罗尤斯·门迪尤斯认为这一推测来源于古巴比伦,先于毕达哥拉斯许多个世纪。

公元2世纪罗马史学家苏奥特尤斯认为,彗星是一颗被错误地认为预示统治者面临灾难的熊熊燃烧的星体。

危地马拉的玛雅人写的《波波乌》这样描述世界的表象:"像一团雾,像一片云,也像一粒飞尘,这就是创世。""它(指创世)开始于从一片飞云中心猛然降下的尘埃。"这里包含着一种宇宙起源的观点,同现代观点一致。玛雅人的宇宙论从何而来呢? 难道是与他们拥有的这个世界上最精确的历法有关吗?

宇宙的诞生

当人类第一次把眼光投向天空，就想知道这浩瀚无垠的天空和那闪闪发光的星星是怎样产生的。因此，各个民族、各个时代都有种种关于宇宙形成的传说，不过那都是建立在想象和幻想基础上的。今天，虽然科学技术已经有了重大进步，但关于宇宙的成因，仍处在假说阶段。归纳起来，大致有以下这么几种假说。

● 墨西哥研制的捕捉宇宙大爆炸信号的天文望远镜

第一种是"宇宙爆炸"假说。许多科学家倾向于"宇宙大爆炸"的假说。这一观点是由美国著名天体物理学家乔治·伽莫夫正式提出来的。这一假说认为，大约在140亿年以前，构成我们今天所看到的天体的物质都集中在一起，密度极大，温度高达100亿摄氏度，被称为原始火球。这个时期的天空中充满了辐射。后来不知什么原因，原始火球发生了大爆炸，组成火球的物质飞散到四面八方，高温的物质冷却下来，密度也开始降低。爆炸2秒钟之后，在100亿摄氏度高温下产生了质子和中子。随后，自由中子衰变，形成了重元素的原子核。大约又过了1万年，产生了氢原子和氦原子。在这1万年的时间里，散落在空间的物质开始了局部的聚合，星云、星系的恒星就是由这些物质凝聚而成的。在星云的发展中，大部分气体变成了星体，其中一部分物质因受到星体引力的作用，变成了星际介质。

1929年，哈勃对24个星系进行了全面的观测和深入的研究。他发现这些星系的谱线都存在明显的红移。根据物理学中的多普勒效应，说明这些星系在朝远离我们的方向奔去,即所谓退行。而且,哈勃发现这些星系退行的速度与它们的距离成正比。也就是说,离我们越远的星系,其退行速度越大。这种观测事实表明宇宙在膨胀着。那么,宇宙从什么时候开始膨胀?已膨胀多久了?根据哈勃常数H=150千米/(秒·千万光年),这个意义是:距离我们1 000万光年的天体,其退行的速度为每秒150千米,从而计算出宇宙的年龄为200亿年。也就是说,这个膨胀着的宇宙已存在200亿年了。

20世纪60年代天文学四大发现之一的微波背景辐射理论认为,星空背景普遍存在着3K微波背景辐射,这种辐射在天空中是各向同性的。

● 哈勃

这似乎是当年大爆炸后遗留下的余热,从某种意义上支持了"宇宙大爆炸"的观点。但是,"宇宙大爆炸"假说也有些根本性问题没有解决。比如:大爆炸前的宇宙是什么样的?大爆炸是怎么引起的?宇宙膨胀的未来是什么样的格局?

第二种是"宇宙永恒"假说。这种假说认为,宇宙并不是像人们所说的那样动荡不定,宇宙中的星体、星体密度及它们的空间

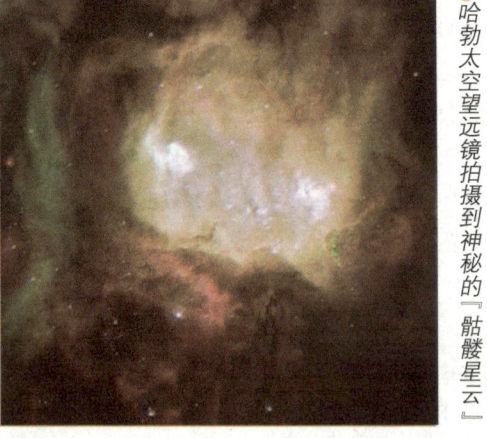

哈勃太空望远镜拍摄到神秘的「骷髅星云」

●神秘的宇宙

运动都处在一种稳定的状态,这就是"宇宙永恒"假说。这种假说是英国天文学家霍伊尔、邦迪和戈尔德等人提出来的。霍伊尔把宇宙中的物质分成以下几大类:恒星、小行星、陨石、宇宙尘埃、星云、射电源、脉冲星、类星体、星际介质等,认为这些物质在大尺度范围内处于一种力和物质的平衡状态。就是说,一些星体在某处湮灭了,在另一处就一定会有一些新的星体产生。宇宙只是在局部发生变化,在整体范围内则是稳定的。

第三种是"宇宙层次"假说。这种假说是法国天文学家沃库勒等人提出来的。他们认为宇宙的结构是分层次的,如恒星是一个层次,恒星集合组成星系是一个层次,许多星系结合在一起组成星系团是一个层次,一些星系团组成超星系团又是一个层次。

综合起来看,以上种种假说虽然说明了宇宙行为模式的部分道理,但都缺乏概括性,还有继续探讨的必要。

膨胀或脉动的宇宙

关于我们所在的宇宙是如何运动演变的，科学家试图建立一个合理的宇宙模型，来解说宇宙的变动。

一个名不见经传的苏联数学家弗利德曼，应用不加宇宙项的场方程，得到一个膨胀的或脉动的宇宙模型。弗利德曼认为，宇宙在三维空间上也是均匀、各向同性的，但是它不是静态的。这个宇宙模型随时间变化，分三种情况。第一种情况，三维空间的曲率是负的；第二种情况，三维空间的曲率为零，也就是说，三维空间是平直的；第三种情况，三维空间的曲率是正的。前两种情况，宇宙不停地膨胀；第三种情况，宇宙先膨胀，达到一个极大值后开始收缩，然后再膨胀，再收缩……因此，第三种情况的宇宙是脉动的。弗利

● 弗利德曼

德曼的宇宙模型最初发表在一个不太著名的杂志上。后来，西欧的一些数学家和物理学家建立了类似的宇宙模型。爱因斯坦得知这类膨胀或脉动的宇宙模型后，十分兴奋。他认为自己的宇宙模型不好，应该放弃，弗利德曼的宇宙模型才是正确的宇宙模型。

同时，爱因斯坦宣称，自己在广义相对论的场方程中加宇宙项是错误的，场方程不应该含有宇宙项，而应该是原来的样子。但是，后人没有理睬爱因斯坦的意见，继续讨论宇宙项的意义。今天，广义相对论的场方程有两种，一种不含宇宙项，另一种含宇宙项，都使用于专家的应用和研

究中。

早在 1910 年前后，天文学家就发现大多数星系的光谱有红移现象，个别星系的光谱还有紫移现象。这些现象可以用多普勒效应来解释。远离我们而去的光源发出的光，我们收到时会感到其频率降低，波长变长，并出现光谱线红移的现象，即光谱线向长波

● 爱因斯坦

方向移动的现象。反之，向着我们迎面而来的光源，光谱线会向短波方向移动，出现紫移现象。这种现象与声音的多普勒效应相似。许多人都有过这样的感受：迎面而来的火车鸣声特别尖锐刺耳，远离我们而去的火车鸣声则明显迟钝。这就是声波的多普勒效应：迎面而来的声源发出的声波，我们感到其频率升高；远离我们而去的声源发出的声波，我们感到其频率降低。

如果认为星系的红移、紫移是多普勒效应，那么大多数星系都在远离我们，只有个别星系在向我们靠近。随之进行的研究发现，那些向我们靠近的紫移星系，都在本星系团中（银河系所在的星系团称本星系团）。本星系团中的星系，多数红移，少数紫移；而其他星系团中的星系就全是红移了。

1929 年，美国天文学家哈勃总结了当时的一些观测数据，提出一条经验规律，河外星系（银河系之外的其他"银河系"）的红移大小与它们离开我们银河系中心的距离成正比。由于多普勒效应的红移量与光源的速度成正比，所以，上述定律又表述为：河外星系的退行速度与它们离我们的距离成正比：$V=HD$

式中 V 是河外星系的退行速度，D 是它们到我们银河系中心的距离。这个定律称为哈勃定律，比例常数 H 称为哈勃常数。按照哈勃定律，所有的河外星系都在远离我们，而且，离我们越远的河外星系，逃离

得越快。

哈勃定律反映的规律与宇宙膨胀理论正好相符。个别星系的紫移可以这样解释，本星系团内部各星系要围绕它们的共同重心转动，因此总会有少数星系在一定时间内向我们的银河系靠近。这种紫移现象与整体的宇宙膨胀无关。

哈勃定律大大支持了弗利德曼的宇宙模型。不过，如果查看一下当年哈勃得出定律时所用的数据图，人们会感到惊讶。在距离与红移量的关系图中，哈勃标出的点集中在一条直线附近，而不是分散的。哈勃怎么敢于断定这些点在一条直线附近呢？一个可能的答案是，哈勃抓住了规律的本质，抛开了细节。另一个可能是，哈勃已经知道当时的宇宙膨胀理论，所以大胆认为自己的观测与该理论一致。以后的观测数据越来越精准，数据图中的点也越来越集中在直线附近，哈勃定律终于被大量实验观测验证。

●膨胀的宇宙

均匀的宇宙

自古以来，人们普遍认为地球是宇宙的中心。直到哥白尼提出"日心说"，才完全颠覆人们的传统观念。他认为太阳才是宇宙的中心，地球和其他行星都围绕着太阳转动，恒星则镶嵌在天球的最外层上。布鲁诺进一步发展了这一学说，指出宇宙没有中心，恒星都是遥远的太阳。

无论是托勒密的"地心说"还是哥白尼的"日心说"，都认为宇宙是有限的。教会支持宇宙有限的观点，布鲁诺居然敢说宇宙是无限的，从而挑起了宇宙究竟有限还是无限的长期论战。这场论战并没有因为教会烧死布鲁诺而停止。

● 哥白尼

主张宇宙有限的人说："宇宙怎么可能是无限的呢？"这个问题确实不容易说清楚。主张宇宙无限的人则反问："宇宙怎么可能是有限的呢？"这个问题也同样不好回答。

随着天文观测技术的发展，人们看到，确实像布鲁诺所说的那样，恒星是遥远的太阳。人们还进一步认识到，银河是由无数个太阳系组成的大星系，我们的太阳系处在银河系的边缘，围绕着银河系的中心旋转，速度大约每秒220千米，围绕银河系中心转一圈约需2.5亿年。太阳系的直径约1光年，而银河系的直径则为10万光年。银河系由1 000多亿颗恒星组成，太阳系在银河系中的地位，就像一粒沙子处在沙漠之中。后来又发

● 布鲁诺

现，我们的银河系还与其他"银河系"组成更大的星系团。目前，望远镜观测距离已达100亿光年，在所见的范围内，有无数的星系团存在，这些星系团不再组成更大的团，而是均匀各向同性地分布着。卫星绕着行星转动，行星、彗星则绕着恒星转动，形成一个个"太阳系"。这些"太阳系"分别由一个、两个、三个或更多个"太阳"及它们的行星组成。有两个"太阳"的称为双星系，有三个以上"太阳"的称为聚星系。千亿个太阳系聚集在一起，形成"银河系"。同时这些组成"银河系"的"太阳系"都围绕着共同的重心——银心转动。无数的"银河系"组成星系团，团中的各"银河系"同样也围绕它们共同的重心转动。但是，星系团之间，不再有成团结构。各个星系团均匀地分布着，无规则地运动着。从地球上往四面八方看，情况都差不多。粗略地说，星系团有点像容器中的气体分子，均匀分布着，做无规则运动。

因为光的传播需要时间，我们看到的距离我们1亿光年的星系的模样，实际上是那个星系1亿年以前的样子。所以，我们用望远镜看到的星系不仅空间距离遥远，而且展现的是它们过去的样貌。从望远镜看来，不管多远距离的星系团，都均匀各向同性地分布着。因而我们可以认为，宇观尺度上物质分布的均匀状态，不是现在才有的，而是早已如此。

于是，天体物理学家提出一条规律，即所谓宇宙学原理。这条原理说，在宇观尺度上，三维空间在任何时刻都是均匀各向同性地分布的。现在看来，宇宙学原理是对的。所有的星系都差不多，都有相似的演化历程。因此，我们用望远镜看到的遥远星系，既是它们过去的形象，也是我们星系过去的形象。望远镜不仅在看空间，而且在看时间，在看我们的历史。

3％的宇宙

　　宇宙到底有多大？有多少物质蕴含其中呢？科学家告诉我们，现在我们了解的宇宙只是宇宙中极小的一部分，还有大部分的宇宙物质不同于我们所理解和观察到的部分。天文学家西尔克说："大部分宇宙物质，也许多达97％，似乎是被遗漏了。"对这部分宇宙的观测，只是刚刚起步而已。

　　众所周知，银河系集中了1 000亿颗以上的恒星。像银河系这样的星系，在宇宙中有成千上万个，它们非常均匀地分布在太空里，宇宙就是由它们组成的。但由于绝大部分星系离我们太远，因而它们都显得非常暗淡。

　　1929年，美国天文学家哈勃发现，星系都在远离我们运动，而且越远的星系退行速度越大。这种现象说明什么问题呢？我们可以设想一个小孩吹一个气球，而气球上有许多小昆虫。在某个昆虫看来，在不断膨胀的气球上，其他的昆虫在远离它而去，而且越远的昆虫远离速度越大。如果

● 美国天文学家绘制出精美银河系景观图

● 宇宙大爆炸前后发生的事件

把气球比作宇宙,昆虫比作星系,那么星系退行不就说明宇宙正在膨胀吗?

既然宇宙正在膨胀,那么不难想象,在宇宙的过去,它的体积一定比现在要小,这就给"宇宙大爆炸"理论提供了有力证据。宇宙大爆炸理论认为:我们的宇宙来自原始火球爆炸,在巨大的压力下,物质飞向四面八方,引起了宇宙的膨胀。至今宇宙已经膨胀了160亿年,而且它的速度仍然很大,每4秒钟,宇宙就会增加我们银河系一般大小的体积。

如果宇宙的质量足够大,超过了某个临界质量,宇宙就会停止膨胀,逐步收缩到原始的火球状态。就像从地球表面向上抛的石块,如果抛出速度足够大,或地球质量足够小,石头速度虽然逐渐变小,但却会跑到无限远处;相反,如果抛出的速度较小或地球质量足够大,石头就会在引力作用下,最终回到地面上。

当然,宇宙原始爆炸时,抛出的速度是我们难以想象的,但宇宙的总质量可测量。目前发现宇宙的总质量只有临界质量的百分之几,显然这些质量产生的引力不足以阻止星系的分离。有些科学家认为,宇宙会永远膨胀下去,使得它更寒冷、更空虚、更死寂,一直到它完全冻结为止。还有科学家认为,不能只计算发光的星系物质,因为宇宙中存在着大量的不发光物质。因此,宇宙总质量足以使它回到原来的火球状态。

由于宇宙物质的多少与宇宙的最终命运息息相关,因此科学家正在尽最大努力寻找和辨认那些看不见的物质。

早在50多年前,天文学家弗里茨·兹威基就注意到后发座星系团发光物质的总质量产生的引力,不足以把其中的星系吸引在一起。可是事实却表明,星系是明显地聚在一起的,这说明那里一定存在着其他物质。兹威基想,提供星系引力的其他物质哪儿去了呢?它们似乎"失踪"了。当然这不是真正的失踪,只是因为它们失去了光,所以就看不见了。

1970年，质量"遗失"问题转移到我们的家门口来了。科学家发现，可以通过从银河系来的总光量估计出银河系的质量约是1000亿个太阳质量。但是研究它与其他星系，例如与附近的仙女星系之间的引力，发现它至少高于这个估计质量10倍，因此一定丢失了大量物质。

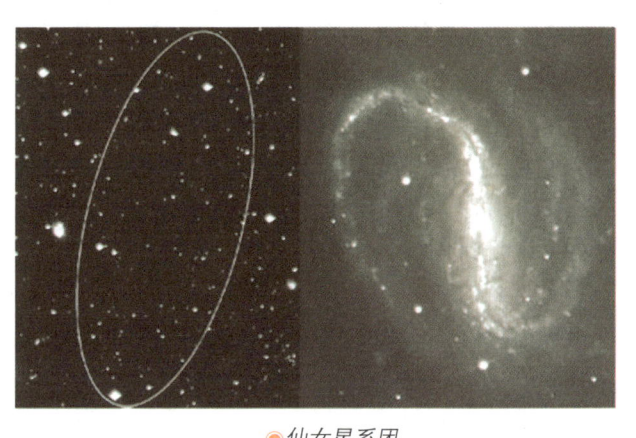
●仙女星系团

不仅如此，银河系还正以每秒320千米的速度朝着仙女星系团运动。由此可见仙女星系团的引力是多么大、质量是多么重。在1979年U-2飞机携带的高空微波仪得到的证据证明了这一点，仙女星系背景方向的温度要比天空其他方向热一些，这表明这里存在着巨大的未知质量。天文学家戴维估计，大部分宇宙物质可能遗失了。

那么，遗失的质量哪里去了呢？观测表明绝大部分暗物质隐藏在星系或星系团中，他们像"晕"一样保卫着星系和星系团。在太阳系中，距离太阳越远的行星绕太阳转动的速度越小，这完全符合牛顿的万有引力定律。由此推断，星系外边缘的恒星和气体云也应该比接近星系核的那些部分绕转速度小。然而观测事实却表明，许许多多星系外边缘的恒星和气体云与星系核附近的那些部分绕转得差不多快，有些甚至比星系核附近的还快。这说明

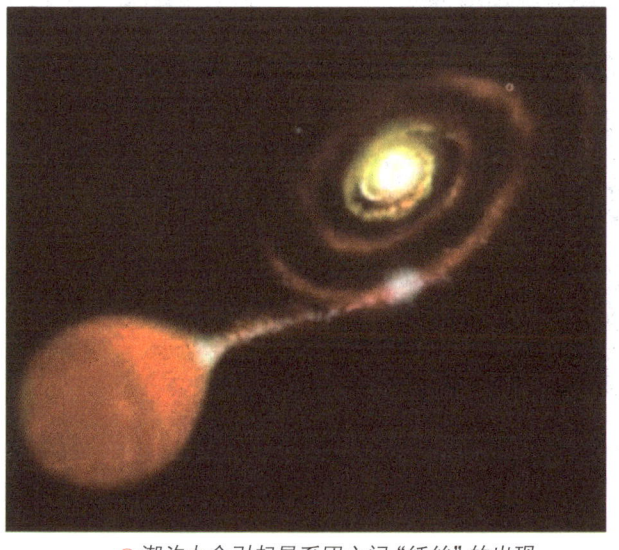
●潮汐力会引起星系团之间"纤丝"的出现

除了看得见的星系和恒星,还有大量的看不见的物质存在于星系或星团的晕中。例如美国密执安大学的希奇和洛贝尔,他们用一个十分灵敏的光子收集仪,在观测NGC4565星系时发现它浸在一个昏暗的晕中,它的形状是一个薄的圆盘,其厚度至少是过去认为的厚度的10倍。因此,天文学家认为遗失的97 %的宇宙质量大多丢失在星系晕和星系团晕中,这就是目前流行的"晕理论"。

那么这些暗淡的晕究竟是由什么组成的呢?众说不一,x射线、星系际云、年老的恒星都可能是这些暗物质的组成者。不过现在发现它们都存在着一定的困难。

如果是x射线和星系际云,研究表明它们只占遗失质量的很少一部分;如果是年老的恒星,比如体积很小的中子星和白矮星,那么我们应该观测到这些恒星将要死亡时抛出的大量物质,但是在暗晕中我们并没有看到这样的痕迹。

当然也有可能是黑洞。英国剑桥大学天文学家霍金认为,原始爆炸时产生了数百万个"微型黑洞"。因为它们的体积小、密度奇大,所以它们不适宜在任何地方落脚,只能躲藏在星系间的真空中。

现在科学家确信,失踪的这部分质量不是由普通物质,而是由奇异物质构成的。尤其是1980年美国和苏联分别宣布发现中微子有微小的质量(约是电子质量的百万分之

● 霍 金

一），人们更加接受这种观点。

中微子是奥地利物理学家泡利首先在1930年提出的，到1956年才在实验中直接观测到。从中微子发现后将近30年内，大家一直认为它是一种没有质量不带电的高能粒子。它能穿过数光年厚的铅板而不会发生任何一点变化，因而捕捉它是很困难的。然而它在宇宙中却是大量存在的。

太阳之所以灿烂无比，是因为它无时无刻不在进行着氢转变成氦的核反应。氢核是1个质子，氦核是2个质子2个中子，所以在4个氢原子变成1个氦原子过程中，要有2个质子衰变成2个中子，这样就产生了两个中微子，它们携带

●奥地利物理学家泡利

了太阳的大量能量向外辐射。为了给辐射提供能量，太阳每秒钟要消耗5.6亿吨氢，相应地就会有$1.4×10^{38}$个中微子从太阳上释放出来。可见恒星是中微子最大的制造者。实际上，这个小小的"幽灵"在原始大爆炸时大大超过了重子（中子、质子等粒子的统称）数，它们的比例约是10亿比1。所以宇宙几乎可以说是中微子宇宙。

那么，这种中间是重子物质、外面是中微子晕的星系是如何形成的呢？一些天文学家认为，在原始大爆炸后的数万年，宇宙的粒子海洋中，汹涌的波浪把中微子分成无数个质量大小与超星团大

●太阳结构图

致相同的团块，一百万年后形成普通物质的重子开始在粒子海洋中生成，在中微子块引力作用下，它们被吸进了它的内部，形成星系。自此超星团就分裂成无数个星系。

然而问题并没有轻而易举地得到解决。首先，这种先形成超星团（星系团）、后形成星系的模型存在着很大的缺陷。例如，如果按此过程演化，那么只有超星团周围才能有晕，但事实上，我们观测到不仅超星团有晕，星系也有晕。其次，如果先形成超星团，那么为什么我们观测不到星系间的粘连现象呢？实际上星系都像我们银河系那样，其外边缘是松散成群的。最后，当时的实验并没有确认中微子具有质量，因而把中微子作为构成宇宙的原材料可能是不合适的。

如果组成暗物质的粒子，既不是重子，又不是中微子，那么暗物质是由什么构成的呢？粒子物理学家提出一种新颖的设想，他们假设今天我们看到的每个粒子都有一个伙伴，例如光子有它的光微子，引力子有它的引力微子等。宇宙就是由这些"微子"组成的。

现在，许多天文学家认为宇宙应该先形成星系，再成串成群地组合成超星团。能量高的中微子由于不能进行小规模的活动产生星系；而能量中等的引力微子或光微子，它们虽然能在宇宙的粒子海洋中凝成星系

● 河外星系的特征

大小的团块，并限制在较小的地区活动，但是由于它们会扰乱大规模的超星团链的演化形成，因此"热"和"暖"的"微子"不能构成我们现在的暗物质。

美国亚利桑那大学天文学家艾伦森发现，离我们30万光年的天龙座矮星系中，许多碳星（巨大的红星）受到了比银河系大得多的起潮力，但仍然并不分离而存在下来，这只能说明在它们周围存在着稳定的暗物质，也就是说这些暗物质处于一种严格的束缚中。高能的热粒子和能量适中的暖粒子做不到这一点，它们会到处乱窜，它们不容易在比银河系小1 000倍的天体——矮星系周围凝聚。而且粒子物理学家已提供了一种称作"轴子"的完美粒子。它是一种非常稳定的冷微子，其质量比一个电子的质量还要轻数百万倍。

可以想到，用这种假设性的"轴子"来作为组成暗物质的粒子，其宇宙演化图景会与中微子及引力微子宇宙明显不同。混沌伊始，宇宙看起来像一个混合得很好的重子和轴子的团块。后来重子开始辐射能量，它就慢慢地沉没到团块的中心去了。结果普通发光物质的核被冷的轴子的晕包围，形成了星系似的天体。这里要强调的是，这个模型有一个很大的优点，就是按照经典热力学的原理，为了使重子沉没，团块的质量必须限定在$10^8 \sim 10^{12}$太阳质量之间。这正好包含了我们今天看到的所有星系，从矮星系到巨星系。因为模型的简单和美妙给了科学家极大的鼓舞，所以许多研究者正在全力以赴协同工作。

不是所有的物理学家都相信轴子的存在。但这不要紧。实际上只要是能量小的冷粒子都会得到同样的结果。值得注意的是，这种由奇异的冷物质组成了暗晕的模式得到了美国和俄罗斯一些科学家强有力的支持。他们通过计算

● 图为科学家发现银河系正吞噬人马座矮星系的照片

机模拟惊讶地发现,在奇异的冷物质组成的数字宇宙中,这种物质的团块(星系大小)真的长成了超星团大小的长链。而最后计算机产生的演化图像就像是我们今天宇宙的复制品。

当然这种模型是否成立,还要由实验来验证。科学家期望有一天会接收到宇宙中射来的奇异粒子,最终解决遗失质量的秘密。许多观测者相信,随着科技的不断向前发展,将来一定会解开这个宇宙之谜。

◉ 宇宙在"童年"时期曾是蓝色,"成年"后呈现淡黄褐色,而现在又变成为红色,这个结论是欧洲科学家做出的

宇宙有多大

虽然直到今天，人类的足迹也只是踏上了月球而已，但人类对宇宙的探索和观察却从古代就开始了，人类观察的宇宙范围也已经扩展到相当大的范围。

在 1900 年，人们知道天空中看得见和看不见的星星在一起，组成了一个叫作银河系的透镜状的星球集合体。在 20 世纪初期，人们估计宇宙直径约为 2.3 万光年。太阳被认为是在银河系的中心，人们不相信太阳系外还可能存在其他的星球。

1914 年，美国天文学家保罗·夏泼莱使用了一种新的估计距离的方法，他证明银河系的一部分被尘埃和气体形成的黑云遮盖，银河系的范围应为 10 万光年。而太阳不在银河系的中心，却在边缘附近。另外，天空中

◉ 人类登上月球

两块小小的雾状光斑"麦哲伦星云"则被认为是银河系外的星球集合体，它们离开太阳约 150000 光年。

1923 年，天文学家又发现仙王座位于仙女星系的雾状光斑上。光斑的范围达几十万光年，说明它至少是像银河系一样大小的星系。天文学家开始认识到在无限远的地方有着数十亿个像我们银河系一样的星系。

在 20 世纪 20 年代，美国天文学家米尔顿·拉萨尔·汉姆逊研究了许多星系，发现除了最接近我们的一两个星系，几乎所有的星系都在离我们而去。它们越是暗淡，表示它们离开我们的速度越快。这个发现和"宇

● 类星体

宙膨胀"的理论相符合。随着时间的推移，所有星系间的距离将越来越大。

1929 年，一位美国天文学家研究出了一种标尺，利用这种标尺，根据一个星系离开我们的速度，可以估算该星系与我们之间的距离。例如，测得离我们最近的仙女星系约和我们相距约 30 万光年。

1931 年，美国无线电工程师卡尔·琼斯基发现来自天空中各个地方的无线电波都能被我们检测到。在第二次世界大战前夕，雷达被发明了，雷达完全可用来研究从天空中传来的无线电波。而在 20 世纪 50 年代，科学家制造了巨大的无线电望远镜。利用无线电望远镜，天文学家发现某些较暗淡的星星也会发出无线电波。于是，天文学家开始研究这些原来被认为很普通的星体，结果发现它们发出的光难以分析。

1963 年，美籍荷兰裔天文学家马尔顿·斯密特证明这些星体正在以无法估量的惊人速度远离我们。从外观上看，它们不是星体而是类似星体的东西，从而得到"类星体"的名称。离我们最近的类星体也至少离我们 10 亿光年。类星体之所以能被看到，是因为它们要比普通的星系亮 100 倍。至于类星体究竟是什么，当时谁也弄不清楚。在以后的 10 年中，又有几十个类星体被发现。1973 年，还发现了一些距离我们 120 亿光年的类星体。这些遥远的类星体正以 9/10 光速的速度离开我们，更远一些的类星体则以全光速离开我们，而且它们发出的光，永远也到达不了我们的眼睛。

1900 年的时候，人们只知道一个星系，到现在我们探索宇宙已到了可观察的极限，我们知道有几十亿个像我们星系一样的星系存在。另外还有几十个神秘莫测的类星体，它们离开我们至少有 10 亿光年之远。在 1900 年，我们的银河系是我们知道的宇宙的全部，而在 3/4 个世纪后，我们发觉，我们的星系不过是宇宙的千万亿分之一而已。也许，再过几十年，我们会发现，现今所知的宇宙也不过是宇宙的很小的一部分罢了。对宇宙的科学探索和研究是永无止境的。

寻找宇宙的尽头

宇宙是无限的吗？如何理解这种无限呢？宇宙是有限的吗？宇宙的尽头又在哪里呢？类似的问题长久以来一直困扰着人类。随着科学的发展，人类认识宇宙的范围越来越大，那么现在我们是否能够找到宇宙的尽头呢？科学家都在进行着各自的探索。

当观测天体的时候，人们发现它的谱线不是在标准波长的位置上。所有谱线的波长都加长了，这表明谱线向红端移动，这种现象叫作谱线红移，它是由多普勒效应引起的。当天体或观测者运动时，天体发出的光和电波的波长就会发生变化。天体向着观测者运动，距离不断缩短，波长就会变短；天体背离观测者运动，距离不断加长，就会观测到波长加长的现象。天体谱线红移表明天体背离我们向远方运动。

如果我们用"Z"表示红移的程度，那么红移为"Z"的天体发出的光和电波在地球上观测时，波长就变成原波长的 1+Z 倍。例如在红移为 4 的天体中，氢原子发出的波长为 1 216 埃的紫外线，而在地球上观测到的波长却是 6 080 埃的红光，变成了眼睛可以观察到的可见光。

按照多普勒效应，背离速度越大，红移也就越大。于是就可以根据红移求出天体离开我们的速度。

如果用光谱分析法分析来自天体的光，就能够检出氢、氧、碳等原子发出的、特定的、经过红移之后的波长。由此可以计算出这些特定波长发生的红移程度。

按照多普勒效应，天体红移意味着宇宙在膨胀，广义相对论的场方

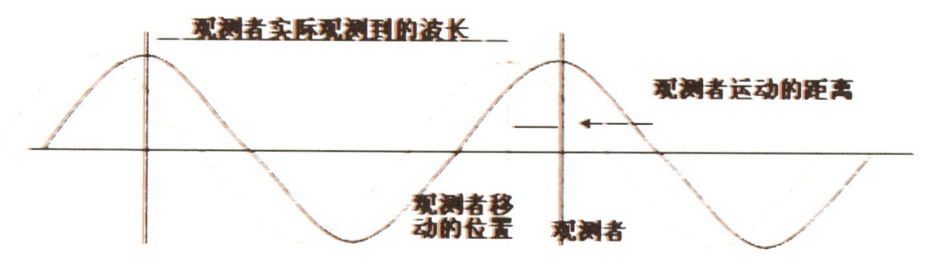

● 谱线红移图

程也有"膨胀的宇宙学"的解,于是形成了"宇宙膨胀论"。还有一些人提出了其他形式的宇宙论,如"稳恒态宇宙论"等。这些宇宙论也都主张宇宙膨胀。采用把红移换算成距离的方法,求得天体到地球的距离,随着所采用的宇宙模型不同而各不相同。

决定了宇宙模型,还应当求出用"哈勃常数"表示的现在的宇宙膨胀速度和用"减速参数"表示的宇宙膨胀减速率。

按照宇宙诞生之后就急速膨胀的宇宙模型,假定哈勃常数为50千米/秒/百万秒差距(1秒差距约为3.26光年),"减速参数"为0.5。可以计算出宇宙的年龄为130亿年,地球到宇宙的"尽头"的距离,从理论上来说应是130亿光年。

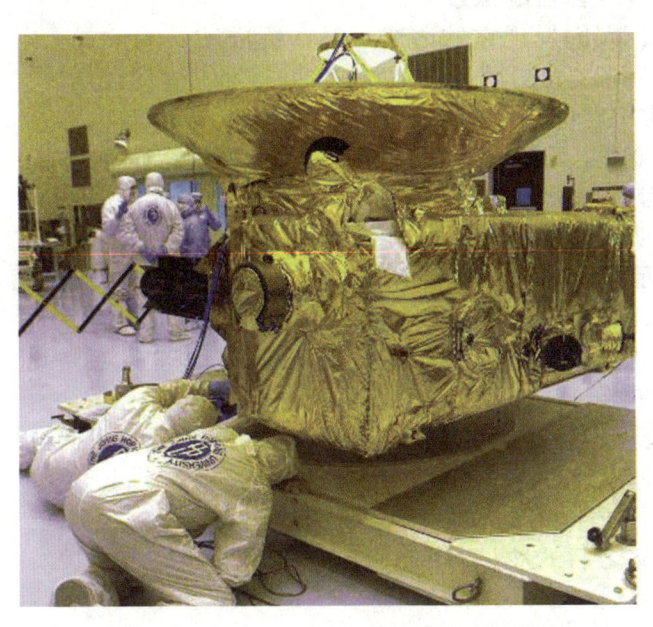

●美国约翰斯·霍普金斯大学的工程师在佛罗里达州的肯尼迪航天中心检测美国"新地平线"冥王星探测器

1988年8月美国约翰斯·霍普金斯大学的钱伯斯和宇宙望远镜科学研究所的乔治·麦里发现了编号为4G41.17的天体,随后美国基特峰国家天文台对它进行了摄影和光谱观测。

对氢原子和碳原子发射光谱测定的结果表明4G41.17就是红移为3.8的天体,根据前面的模型,这个天体与地球的距离是117亿光年。以前确认编号为0902+34的天体离地球最远,

它与地球的距离是115亿光年。专家认为4G41.17便是目前人们所能够"看到"的宇宙的"尽头"。

此外,还要考虑到,光和电波以每秒约30万千米的速度传播。离地球117亿光年的4G41.17发出的光和电波经过了117亿年才到达地球。因此,我们看到的是117亿年前的4G41.17的雄姿。这样我们不仅观测到了"远方的宇宙",而且也观测到了"昔日的宇宙"。

钱伯斯等人的观测,清楚地表明在宇宙诞生后13亿年就有星系形

成了。

在宇宙中被称为"黑暗物质"的粒子是很多的,它们占了宇宙质量的绝大部分。质子和中子等重子称为基本粒子。在"黑暗物质"密度非常高的地方凝缩起来就形成了星系。这就是星系形成的"背景模型"。根据"背景模型",宇宙诞生 13 亿年之后,就有星系形成了。数年前人们观测到了红移为 0.5,距地球 60 亿光年的星系。为了寻找更远的天体,人们又建造了多台直径为 4 米的大型望远镜,接着又研发了红外线摄像机和 CCD(电荷耦合器件)摄像机等新技术。这为发现新的、距地球更远的星系提供了可能性。红移为 7,也就是说,距地球大约 125 亿光年的星系很可能在不久的将来被观测到。如果发现了那样的星系,就说明宇宙诞生后 5 亿年,星系就形成了。

经过各种努力之后,仍然不能发现比 120 亿年前更早形成的星系,也许是宇宙诞生 10 亿年前后产生的大量"宇宙尘",使人们无法看见已经形成的星系。

无论如何,人们总是想找到宇宙的"尽头"。当观测技术进一步提高,观测比 4G41.17 更远的天体,精密求出其气体的化学组成,将成为可能。这为进一步了解这些天体的形成过程创造了条件,从而更准确地推算出宇宙的年龄和宇宙早期形成的情况。也许有一天人们终会找到真正的宇宙的"尽头"吧!

●天文台

宇宙的中心

　　宇宙有中心吗？就像太阳系中所有的行星都绕着太阳旋转、银河系中所有的恒星都绕着银河系的中心旋转一样，宇宙中存在一个让所有的星系包围在中间的中心点吗？

　　看起来应该存在这样的中心，但是实际上却不存在。因为宇宙的膨胀一般不是发生在三维空间内的，而是发生在四维空间内的，它不仅包括普通三维空间（长度、宽度和高度），还包括第四维空间——时间。描述空间的膨胀是非常困难的，但是我们可以通过气球的膨胀来解释它。

　　我们可以假设宇宙是一个正在膨胀的气球，而星系是气球表面上的点，我们就住在这些点上。我们还可以假设星系不会离开气球的表面，只能沿着表面移动而不能进入气球内部或向外运动。在某种意义上可以

● 宇宙的膨胀发生在四维空间

●在人们的印象中再庞大的事物都应存在一个中心,宇宙也不例外

说,我们把自己描述为一个二维空间的人。

如果宇宙不断膨胀,也就是说气球的表面不断地向外膨胀,则表面上的每个点彼此之间离得越来越远。其中,某一点上的人将会看到其他所有的点都在退行,而且离得越远的点退行速度越快。

现在,假设我们要寻找气球表面上的点开始退行的地方,那么我们就会发现它已经不在气球表面的二维空间上了。气球的膨胀实际上是从内部的中心开始的,是在三维空间内的,而我们是在二维空间上的,所以我们不可能探测到三维空间内的事物。

同样的,宇宙的膨胀不是在三维空间内开始的,而我们只能在宇宙的三维空间内运动。宇宙开始膨胀的地方是在过去的某个时间,即亿万年以前,虽然我们可以看到,可以获得有关的信息,但我们无法回到那个时候。

宇宙未来的命运

我们所在的宇宙未来将会是什么样子？这是一个人们普遍关心的问题。

自然界有四种作用，即引力作用、电磁作用、强相互作用、弱相互作用，其中以引力作用最弱，但它在大范围内作用，而且引力对宇宙的膨胀起着抑制作用。

宇宙各部分相互间的引力，使得宇宙的膨胀一直在减速。这

● 哈勃定律揭示宇宙是在不断膨胀

种引力的大小取决于宇宙物质的密度，物质密度越大，这种引力也就越大。如果宇宙物质密度高于临界值，则引力将最终制止宇宙膨胀；如果宇宙物质密度低于这个临界值，则引力不够大，宇宙将永远膨胀下去。研究表明：宇宙中存在着大量不可见的暗物质，如褐矮星、死去

● 宇宙中最大最古老的黑洞

● 宇宙的最终归宿是否也会像落叶一样回归
初始状态?

的恒星、不发光的气云及宇宙早期生成的小黑洞，等等。近来，有些科学家发现中微子可能有静止质量，由于宇宙间中微子数量很大，只要中微子具有区区的30～50电子伏特的质量，就将使宇宙物质密度大于临界密度，那时引力场将足够强，导致宇宙的膨胀在持续相当长时间后停下来，并转为收缩。收缩过程会逐渐加速，直至无限密集的状态。然后又可能发生大爆炸，宇宙再一次膨胀……宇宙就这样在膨胀、收缩、再膨胀、再收缩间来回转换。

　　如果宇宙永远膨胀下去，会出现什么情况呢？一些科学家认为：最终宇宙中可能只有由光子、中微子、电子、正电子组成的稀薄离子体了。由于各种因素和现在掌握的数据都不确定，因此我们的宇宙未来命运是怎样的，还是有待探究的问题。

宇宙中的物质

我们所在的宇宙,是由什么物质构成的呢? 这些物质又是从何而来的呢?

物质形态具有无限多样性。从月球到星云,从平川到高山、大海,如花似锦的生命世界,精微奥妙的机体器官……这一切都是物质存在的形式。然而,构成这一切的化学元素的种类却是极其有限的,天然存在的元素一共是 92 种,加上极少量的人造元素,也不过一百多种。整个宇宙"大厦",就是由这些种类不多的"砖块"建造起来的。

地球是哺育人类的慈母。在地壳中,氧是最丰富的,按重量来说,它几乎占了地壳中所有元素的一半,达 49.13 %;第二位是硅,占 26 %;第三位是铝,占 7.45 %;之后是铁、钙、钠、钾、镁等;氢元素只占 1 %。上面提到的这几种元素,占了地壳各种元素的 98 %以上,而其他 80 多种元素总共不到 2 %。

可是如果你以为在整个宇宙中各种元素的比例也是如此,或者虽然

人类认识的宇宙
- 观测到的宇宙
  - 时空区域
    - 时间:上百亿年
    - 空间:上百亿光年
  - 宇宙特性
    - 物质性:天体——多样性
    - 运动性:天体系统——层次性
- 宇宙中的地球
  - 普通行星
    - 在太阳系中的位置:水、金、地、火、木、土、天、海。
    - 八大行星的比较:类地行星、巨行星、远日行星。
  - 特殊行星——存在生命物质的条件
    - 宇宙环境
      - 稳定的太阳辐射
      - 安全的运行轨道
    - 自身条件
      - 适宜的温度
      - 适合生物呼吸的大气
      - 液态水

● 宇宙中的物质

有些出入，却也相差不多，那就错了。在宇宙中氢才是最丰富的元素，按原子数目来说，它占了将近93％。原来，这位质量最轻的"小弟弟"才是宇宙中最富有的成员。在地壳中含量很少的氦，是宇宙中的第二个"大户"。按原子数量来说，占了将近7％。它们几乎垄断了整个宇宙。从锂到铀的90种元素只占有剩下的那微不足道的一点份额。那些最重的元素，按原子数目来说，只占万万分之一，简直可以忽略不计了！

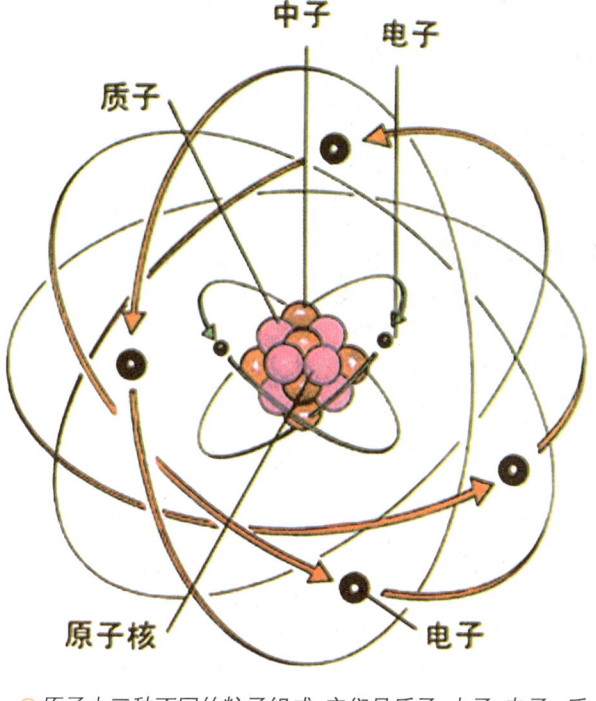

中子　电子

质子

原子核　　电子

● 原子由三种不同的粒子组成，它们是质子、中子、电子。质子和中子挤在位于原子中心的原子核里。电子在核外空间里作高速运动，就像模糊的云，电子核外形成不同的壳层

　　从这个宇宙元素搭配的比例可以看出，我们人类是在宇宙中多么难得的一个环境里诞生并发展起来的！

　　那么，地球上的各种元素以至于构成整个宇宙的物质是怎样形成的呢？

　　大家知道，各种元素的原子核都是由质子和中子组成的。例如：氢核是1个质子；氦核是2个质子、2个中子；铜核是29个质子，34个或36个中子；铁核是26个质子，28个或30、31、32个中子。那些质子数目相同而中子数目不同的元素，人们称之为同位素，在元素周期表上占据一席之地。如果我们把各种元素看作建造宇宙"大厦"的"砖块"，那么，中子和质子就是两种最基本的"泥土"。这两种"泥土"在不同的"火候"下进行不同的搭配、烧结，就形成了各种不同的元素。光芒万丈的太阳，晶莹闪烁的星辰，除了少数几颗行星，都是烧炼元素的炉窑。不过，我们地球上的各种元素，都是在几十亿年以前，甚至是在更遥远的年代，在天体演化的过程中形成的。

　　有一种学说，叫大爆炸宇宙论。这种学说认为，我们的宇宙处在不断

● 科学家正通过观测宇宙大爆炸后放射出的电磁波来研究宇宙起源。科学家发现，140亿年前宇宙大爆炸时产生的碎片可以穿透宇宙并释放出电磁波，对研究天体运动的科学家来说，这种声音就如同美妙的音乐

的膨胀之中。我们就像站在一个正在充气的气球上，宇宙间绝大多数星系都在飞离我们而去。人们由此推断，当初我们的宇宙曾经处于一种高温、高密度的状态，突然发生了开天辟地的大爆炸，宇宙从此开始膨胀。这种学说虽然还是一种假说，但却得到了许多观测事实的支持。有的科学家认为，宇宙中的各种元素就是在"大爆炸"的最初几分钟内形成的。他们假设当初那个高温、高密度的宇宙全部由中子构成。宇宙膨胀时，一些中子衰变为质子，也就是氢原子核。氢原子核又马上捕获一个中子形成氢的同位素氘。此后又通过一系列的中子捕获在短短的几分钟内形成了所有的元素。后来，由于宇宙膨胀，温度下降，就再也不能形成新的元素了。

可是，这种理论遇到了不可逾越的障碍。人们发现，中子捕获形成的元素是很有限的，只能形成氢、氦等轻元素，这也许就是宇宙中氢和氦最丰富的原因吧。那么，那些比氦更重的元素是从哪里来的呢？

在"宇宙大爆炸"以后，弥散在宇宙空间的物质，慢慢地变成了稀薄而又寒冷的原始星云。这些物质，又重新聚集，经过亿万年的演化，形成了第一代恒星的胚胎。它的主要成分是氢。此外还有少量的氘和氦。

恒星是烧炼元素的熔炉。这是一个极其激烈的物质运动过程。由于引力收缩，大量物质向星胚的中心聚集。当中心温度达到145万摄氏度的时候，发生了4个氢原子聚变为1个氦原子的热核反应，同时放出巨大的光和热。目前，太阳的内部，就正在进行着烧炼氢元素的"工作"。不过，太阳已经不是第一代恒星了，而是第二代恒星，因为人们已经发现，在太阳上有60多种元素。氢的热核聚变，使恒星中心逐渐形成一个氦元

素的核心。当氢燃烧完了以后，恒星内部失去了向外的压力，于是再一次开始引力收缩，核心的温度变得更高，可以达到1亿摄氏度。这样就又开始了第二次热核聚变，使3个氦原子聚变为一个碳原子。碳

● 图为艺术家对一个正在形成的恒星系统的想象图

在恒星熔炉中又可以捕获氦核，生成氧、氖等元素。当氦燃烧完了以后，恒星内部的引力和斥力又失去平衡，恒星又开始收缩，核心的温度变得更高，可以达到若干亿摄氏度。恒星熔炉的热核反应逐步升级，每一次升级都锻造出更重的元素，从氧、氖、硅到铁、钴、镍。当恒星形成铁族元素的核心时，就到了恒星的末期了。铁族元素相当稳定，要发生热核反应，就必须吸收巨大的能量。比较小的恒星熔炉产生不了比铁族元素更重的宇宙物质。那么，那些比铁族元素更重的元素是从哪里来的呢？

● 工人正在擦拭要装在核心探测器外的巨大永磁铁

情况原来是这样的：那些质量比太阳更大一些的恒星，由于铁族元素停止热核聚变，内部失去了向外的巨大压力，于是，大量的物质向恒星中心急剧倾泻，难以想象的巨大压力把原子核外的电子都挤到了原子核里面，形成一个由中子构成的高温、高密度的核心。在这里，每立方厘米的中子态物质可以重达上亿吨，温度可以达到几十亿度！这时，从恒星核心中释放出一种奇特的基本粒

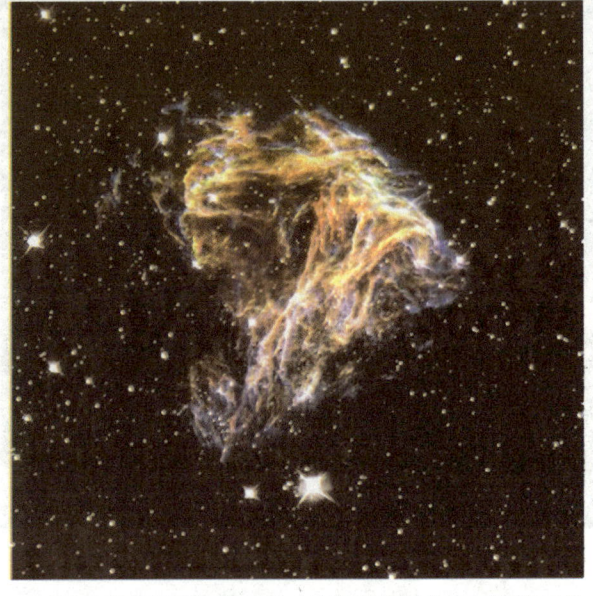

子——中微子。这种粒子穿透力极强,强大的粒子流像激流冲垮堤岸,把含有丰富铁族元素的恒星外壳撕得粉碎!使恒星的光度突然增强千万倍,甚至上亿倍,比几十亿颗太阳还要亮。每秒钟释放出的能量,相当于100亿亿颗百万吨级的氢弹,这就是超新星爆发。从铜到铀这些重元素,就是在超新星爆发的过程中形成的。不知过了多少亿年,这些超新星爆发的"灰烬",成了太阳系原始星云的一部分, 又过了几十亿年,

● 哈勃太空望远镜拍摄到的一颗超新星爆炸之后残渣四处散落的美丽照片

原始星云演化成了恒星,形成了今天的太阳系。其中,一部分重元素,凝聚在我们的地球和其他行星上。从某种意义上来说,这正是几十亿年前某颗不知名的超新星留下的"礼物",决定了人类的命运。从青铜时代的巨鼎,到现代原子能工业用的铀和钚,以及那些同人类生命息息相关的微量元素——钼、锌、碘等,都产生于超新星爆发的灿烂光焰之中。如果当初那颗超新星爆发的能量及形成的元素情况有所不同,地球很可能变成完全不同的世界。

● 计算机模拟出超新星爆炸的精彩场面

奇特的宇宙绳论

关于宇宙的起源，科学家已经提出多种学说来加以解释，其中最有影响的学说当然是大爆炸宇宙论。由此产生了另外一些学说包括：大爆炸曾经涌出成群的磁单极子，至今仍在宇宙中游荡着；宇宙初期产生的是密集小黑洞；宇宙初期是一种夸克和胶子组成的宇宙糊；宇宙是变化多端、沸腾多泡大宇宙之

●大爆炸宇宙论

中的一个泡。今天，科学家又开始提出宇宙中充满着"绳"。

这种绳论是怎么回事呢？根据这个理论的创始人之一维伦金的意见，宇宙大爆炸所产生的力量，应该形成无数细长且能量高度聚集的管子，这种管子便叫作"绳"。

维伦金指出：有关绳的性质，是异乎寻常的。它像蜘蛛丝，但远比原子还细，你走路时可穿过它而绝发现不了它。可是，1英寸（2.54厘米）这样长的绳，大约就有科罗拉多山脉加在一起的质量。它的一种奇特性质，是拥有巨大质量而缺乏通常物质熟知的性质，例如不对其他物质施加通常的引力作用。它的强度也极大，如果有地方拴住它的话，它就能把地球拖到半人马星座那里而不会折断。

维伦金还说，根据复杂的理论计算，这种无限的绳，在宇宙中是稀疏分布的，也许每200亿光年左右的距离才有一根。但是，如果有某根无尽的长绳碰巧在几十亿光年远的地方绕过我们宇宙的一角，那么我们是能观测出来的。办法是通过望远镜看某个类星体。类星体是距我们有几十

● 通过这架射电望远镜，人们可以推测出微类星体的轨道。

亿光年的一种不寻常的明亮天体。倘若在地球和类星体之间有绳的存在，它是会使类星体的光稍微发生偏离，这个类星体就产生两个影像，我们就可看到"成对"的类星体了。天文学家已经观察到 6 对这样的类星体。尽管它们的特殊光谱的形成或许另有原因，但是只要我们找到很多对类星体后，再越过天空搜索这些线迹，是会寻觅到一条宇宙绳的。

还有一种观察绳存在的途径是基于这样的事实，即如果绳真正是在宇宙初期扰动阶段形成的，它们就会猛然振动，由于巨大的质量，这种振动会发射出丰富的引力能量周期性脉冲——引力波。这些引力波自产生起，一直在衰减着，并在地球绕日运动过程中6,出现缓慢的有规律的扰动。天文学家可能在一两年内检测出这种效应来。那时，将为我们提供宇宙之中是否存在宇宙绳的线索。如果找到这一线索，将有助于解开宇宙学上长期存在的谜团。例如，追溯到宇宙初期，恒星和星系出现之前很久的时期，万物都表现为薄而同质的气体，那么，这些气体怎么会在原来位置上凝聚成星系呢？不妨设想为：一根质量极大的绳通过气体运动，严重扰乱气体的平静分布而形成一些致密的"凹谷"，并开始自行坍缩为黑洞的物质。照此推论，将暗示着每个星系的中心都可能存在一个黑洞。这样看来，遥远的类星体也许只是由中部超巨黑洞供能的高能星系而已。据此，粒子物理学家和宇宙学家将会做出令人难以置信的结论：星系可能就是被这种宇宙绳拖曳在一起的。

神奇的宇宙重力透镜

宇宙中有无数的星体和类星体，它们不停地向外辐射着能量。多年来，天文学家把望远镜收集到的各种星体的光变成光谱，通过光谱可以了解每个星体的特性，甚至它们与地球的距离也可以被推算出来。科学家原来认为，类星体的光谱就像人的指纹一样，没有两个类星体的光谱是完全相同的。但是出乎他们意料，相同的光谱出现了。

美国天文物理学家埃德温·特纳在基特峰国家天文台，用直径 4 米的反射望远镜指向天空中的相距很远的亮点，这是他一直在观察的两个遥远而又神秘的类星体，它们所发出的光经过几十亿光年的传播才到达地球。在分析了这两个遥远光源的光谱后，特纳几乎不相信自己的眼睛，因为这两个光谱记录竟然完全相同。这就意味着，这两个类星体不仅有相同的化学性质和相同的温度，而且与地球的距离也相同（约为 5 亿光年）。特纳兴奋地意识到，在这不可思议的现象后面，一定会有某个重大的发现。果然，他和其他 7 位科学家经过认真分析后，得出结论：这两个光源来自同一个类星体。根据这一结论，他们偶然地发现了一个从未被探测到的极其巨大的类星体。他们推测，这个物体可能是银河系中一个巨大的星团或者是一个比以往任何一个发现过的黑洞还要大得多的黑洞。更使人吃惊的是，它可能是一个"宇宙线"——一个古怪的假想宇宙混沌出世时的残余。

●反射望远镜

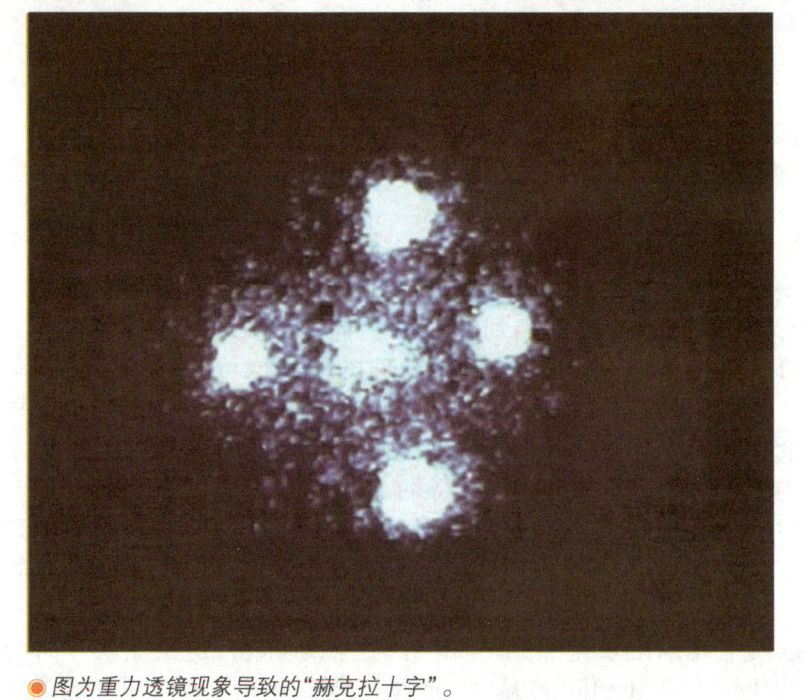

● 图为重力透镜现象导致的"赫克拉十字"。

赫克拉是杰出天文学家之一。此图中的景象是赫克拉发现的,因此被称为"赫克拉十字"

　　那么,一个类星体怎么会出现两个像点呢?天文学家认为,这是存在"重力透镜"的缘故。所谓"重力透镜"就是一个有强大重力场的巨大物体位于类星体和地球之间的某个地方。当类星体发出的光靠近这物体时,强大的重力场使光线发生偏转,使地球上的人看到同一类星体的两个像。

　　早在 1915 年,爱因斯坦就预言,作为一般相对论的推论,光线通过巨大物体的重力场时将会发生偏转。这个预言在 1919 年被英国的天文学家阿瑟·斯坦利·爱丁顿所证实。他到远离西非海岸的小岛上观测日全食。在那里他精确地测出一颗星球的位置。这颗星球在日全食发生的一刹那,天空突然暗下来的时候,在太阳的边缘上变得可见。因为从这颗星球发出的光靠近太阳时,由于太阳重力的作用发生了偏转。而这颗星球在天空中的视位置从其所预定的位置稍微移动了一些距离。其移动的数值与爱因斯坦预言的正好相同。

　　1939 年,爱因斯坦和其他科学家认识到存在重力透镜效应的可能。直到 1979 年,在基特峰国家天文台工作的两个英国人和一个美国人观

●海拔最高的宇宙线观测站

测到第一个重力透镜现象——发现两个有完全相同光谱特性的类星体。他们当时得出结论：必定有一个物体在充当重力透镜的作用。该物体挡住了真正的类星体，却让这颗类星体的光发生偏转，使之在它两边成像。自此以后，又观测到其他五个类星体重像的例子，其中的三个发现了介于其中的透镜星系。

但是原先发现的重像在天空中的分叉角度没有一个超过 7 弧秒，而最近发现的双星体像的分叉角度却为 157 弧秒。换句话说，这两像的距离为原先发现的两像的 22 倍。为使光线偏转这么大角度，该透镜星系必须有上千个星系的质量。

然而，到目前为止，还观察不到这个透镜星系。事实上，在透镜星系所处的地方看不见任何东西。这无疑是个挑战。因为在地球和类星体之间是藏不住任何有相当质量的星系的。

面对这些问题，特纳的研究小组就假设这个有强大重力源的透镜可能是其他东西：一个至少比银河系大 1 000 倍的黑洞。如果存在这个黑洞，那么，在天空中这个黑洞附近必定还会出现其他类星体的重像。然而，天文学家很难解释如此宏大无比的黑洞是如何形成的。

除黑洞外，能产生透镜效应的其他物质可能是宇宙线。这个一维空间"怪物"被物理学家用来估量宇宙创生时第一秒的一瞬间发生的事件。理论上，这个宇宙线无穷长或封闭成环，并能以近似光速的速度运动。尽管它比原子核还要无穷地薄，但其残存下来的部分却有庞大的重力场。它每千米长度的质量与地球质量相等。像黑洞一样，宇宙线在理论上也能使附近的类星体产生双重像。由于宇宙线附近也有其他类星体，因此人们预料也能看到它们的重像。

然而，对宇宙线的理论，特纳持保留态度。他认为其可能性不超过50 %。但如果宇宙线理论被证实，那将是十分激动人心的事情。

宇宙中的黑洞与白洞

● 奥本海默

法国的科学家拉普拉斯，于1798年根据万有引力定律和光的微粒学，指出宇宙中存在着黑洞，并假设其为一个质量很大的神秘天体。

1939年，著名科学家奥本海默对恒星晚期演化进行研究时，又发现恒星的核燃料耗尽后，恒星会在一瞬间缩小上万倍而出现"坍缩"现象，他预言，恒星在"坍缩"中可能会演变成黑洞。到了20世纪70年代，著名理论物理学家霍金，把量子力学与广义相对论结合起来，进行"黑洞"表面量子效应研究，认为黑洞中的一切都消失了，但它所具有的强大引力依然存在，从而使黑洞理论更向前推进一步。

目前，"黑洞"的存在只在数学上被证实，还从来未被天文学家观察到，因为它的引力很大，甚至连光都不能从它里面逃出来，所以现在世界上任何光学望远镜或是射电望远镜，都不能直接观察到黑洞的情况。

最近，美国科学家在宇宙空间发现了一个巨大的黑色天体，这个天

体比太阳大 1 000 亿倍,比银河系的质量还要大。美国科学家认为,它可能是一个"黑洞"。英国皇家格林尼治天文台的一个观察小组,利用加那利群岛帕尔马山上的天文望远镜,发现一颗比太阳还要亮 1 000 万亿倍的类星体。在这个类星体的中央部分有一个黑洞,每年要"消化"掉相当于 100 个太阳那么多的物质,并释放出巨大的能量。科学家根据理论推测认为,银河的中心核发射能量相当于太阳总能量 1 亿倍的 X 射线,中心核就是一个巨大的黑洞,当周围的气体落入黑洞时,其重力能转变为 X 射线能。但对气体是怎样落入黑洞的目前还不清楚,而太空

● 黑 洞

中到底有多少黑洞、它们是怎样形成的等问题,仍然是待解的谜。

　　太空中还有一种与黑洞相反的洞,叫作白洞。它也是广义相对论所预言的一种特殊天体,也有一个封闭的边界。聚集在白洞内部的物质,只可以经边界向外运动,而不能向边界里运动。因此,白洞可以向外部区域提供物质和能量,但不能吸收外部区域的任何物质和辐射。白洞是一个强引力源,其外部引力物质与黑洞相同。白洞可以把它周围的物质吸到边界上形成物质层。当白洞内中心奇点附近所聚集的超密态物质向外喷射时,就会同它周围的物质发生猛烈的碰撞,而释放出巨大能量。白洞同黑洞一样,充满着神奇的色彩,目前还只是一种理论模型,尚未被证明,还有待天文学家去揭开它神秘的面纱。

宇宙中还有"太阳系"吗

宇宙是无限的,其中有无法计数的星系、星云,那么是否还有像我们太阳系一样的"太阳系"呢?

有人曾设想,除我们的太阳系外,还应有第二个、第三个太阳系……可是其他的"太阳系"具体在哪里?这个长期以来争论不休的问题一直到织女星周围发现行星系才得以解决,有人认为已经找到了宇宙中的第二个"太阳系",为寻找宇宙中其他许多"太阳系"提供了例证。

宇宙中的第二个"太阳系"是怎样被发现的呢?

1983年1月,美国、荷兰、英国三个国家成功发射了红外天文卫星。后来,天文学家利用这颗卫星意外地发现天琴座主星——织女星的周围存在类似行星的固体环。

这次发现在世界上还是头一回。这一发现可以说是不同凡响的划时代的发现。

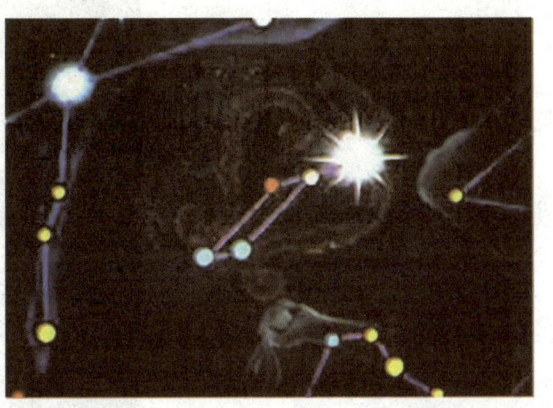

● 织女星和天琴座,由四颗暗星组成的菱形就是织女织布的布袋子

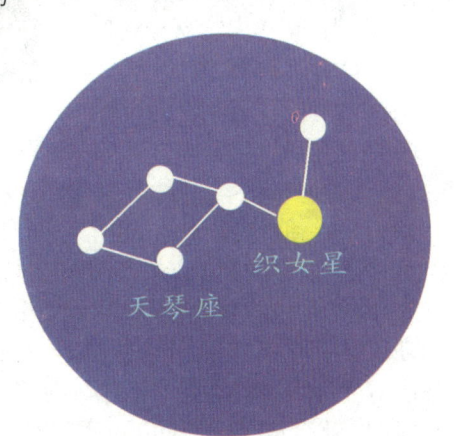

● 天琴座中的主星织女星是一颗很亮的,发出青白色光芒的零等星

织女星周围的物质吸收了织女星的辐射热,发射出红外线。红外天文卫星正是接收到了它所放射的红外线。比较四个不同接收波段的强度便可计算出该物体的温度为90开。一般来说,恒星的温度下限约为500开。温度为90开,这就是说那个物

体是颗行星。而且,织女星真的也有行星系的话,它便相当于外行星。这样一个温度的物体只能用波长为几十微米的红外望远镜方可捕获到。

　　美国、荷兰、英国合作发射的卫星是世界第一颗红外天文卫星,主要用于探测全天的红外源,也就是对红外源进行登记造册。一般红外天文望远镜不能探出宇宙中的低温物体,因为大气中的水分和二氧化碳气体吸收了大量来自宇宙的红外线及地球的热,同时又会释放互相干扰的红外线。红外天文卫星将装置仪器用极低温的液态氦进行冷却,所以才有了这次的发现。

　　探测表明,织女星行星系与太阳行星系一般大小。由于织女星发出的总能量是已知的,通过 90 开的物体的温度便能求出织女星和该物体之间的距离,也就是可以求出该行星系的半径。

　　织女星距离地球约 25 光年, 是全天第五亮星, 直径是太阳的 2.5 倍,质量约是太阳的 3 倍,表面温度约为 1 0273 开,比太阳的表面温度(约 6 273 开)高。织女星诞生于 10 亿年前,太阳诞生于 45 亿年前,相比之下织女星要年轻得多。地球大致是与太阳同时诞生的,若认为织女星的行星也跟织女星同时诞生,那么就可认为它的行星正处在演化的初期阶段。

　　依据行星形成的一般假说,当恒星产生时,在它的周围散发着范围为太阳系 100 倍的分子气体云环,因长期相互作用而分成若干个物质团块,进而形成行星。

　　东京天文台曾公布说,他们用射电望远镜在猎户座星云等地方发现"行星系的婴儿", 也可以说是原始行星系星云。

　　红外天文卫星和东京天文台的发现,可以说是行星形成过程中的不同阶段。深入分析和研究这两个不同阶段,以及更准确地描写织女星的行星像,无疑是当前世界天文学界所面临的一大课题。

●猎户座气体星云

河外星系的发现

　　河外星系是在银河系以外，类似于银河系那样的庞大的天体系统，包括恒星、双星、聚星、星团、星云、分子云、星际尘埃、宇宙线及星际磁场等。现已观测到的星系总数，超过1 000亿个。

　　人类发现和确认河外星系的历史是漫长而曲折的。18世纪中叶，就有人提出宇宙中存在许多类似银河系这样的庞大恒星系的猜想。1755年德国哲学家康德明确提出，"在广大无边的宇宙中，存在数量无限的世界和星系"，并把星系形象地比喻为宇宙海洋中的"宇宙岛"。1781年英国天文学家威廉·赫歇尔观测了一些星云，发现这些星云大多数都可分解为恒星，他断言所有的星云都可分解为恒星，康德的"宇宙岛"的观点是正确的。但是后来，1790年赫歇尔观测到一些弥漫星云是不能分解为恒星的，于是他改变了立场，认为宇宙岛即星系是不存在的。

　　1845年美国人罗斯伯爵制成一具当时口径（1.84米）最大的望远镜，他用这架望远镜将许多赫歇尔未能分解的星云分解为恒星，使得"宇宙岛"的观念又引起人们的关注。但是，1864年英国人哈根斯使用光谱分析的方法观测星云，他发现许多星云的光谱是由几条明线组成的，即这些星云是一些发光的气体，从而又一次否定了星系的存在。

●英国天文学家威廉·赫歇耳

　　1918年，美国天文学家沙普利根据球状星团的距离，把银河系的直径定为26万光年（由于未考虑星际消光作用，这个数字偏大了）。而在这之前，对一些旋涡星云距离的测定由于方法不对或者测量不精确，普遍被缩小了，都小于沙普利所观测的银河系的直径。因此，沙普利反对存在河外星系的见解。另外，美国天文学家柯蒂斯等人陆续在一些

●美国天文学家沙普利

旋涡星云中找到一些新星，他们根据新星的光度测定了这些旋涡星云的距离，得出这些星云的距离是很遥远的，超出了银河系的范围。1920年4月，两种对立观点的代表人物展开了论战，由于当时双方的论据都不够充分，未得出最后的结论。1924年，美国天文学家哈勃用当时最大的天文望远镜观测仙女座大星云，他把仙女座大星云外围部分分解为恒星，并从中找出几颗造父变星，利用造父变星能够指示距离的特性（造父视差），求出与仙女座大星云的距离为50万光年（比实际距离要小得多），远远大于沙普利所定出的银河系的直径。后来在其他星云中也发现了造父变星，发现那些星云的距离更遥远。这样，人们才最后确认了河外星系的存在。

●仙女座

形形色色的星系

● 椭圆星系

宇宙中星系是很多的，望远镜口径越大，能看到的星系数目越多。星系的形态多种多样，有的呈现椭圆形或圆形；有的像仙女座大星云那样有旋涡形结构，从星系中心部分伸展出呈螺旋形的亮带（旋臂），有的亮带缠卷得很松，有的则较紧；有的星系从明亮的星系核心部分伸展出两条棒状结构，从棒状结构末端又伸展出旋臂；有的星系旋臂外端还联结一个星系；有的星系像是两个星系在互相碰撞；有的星系中间有一条暗带……

1928年，美国天文学家哈勃根据星系的形态将星系分成三类：一是椭圆星系。这类星系呈椭圆形，没有旋臂结构，以字母E表示。按它们椭圆的扁度又细分为E0、E1、E2、E3、E4、E5、E6、E7等八个次型，E后面的数字越大，表示椭圆形越扁。二是旋涡星系。旋涡星系具有旋臂结构。这类星系又按星系核心部分是椭圆形还是出现棒状结构分为标准旋涡星系（以字母S表示）和棒旋星系（以字母SB表示）。根据旋臂缠卷由紧到松的程度，标准旋涡星系又分为Sa、Sb、Sc三个次型，棒旋星系又分为SBa、SBb、SBc三个次型。后来人们在Sa和E之间又增加了透镜星系，以SO表示。三是不规则星系。这类星系形状不规则，没有旋臂结构，也不存在可辨认的核心,以符号Irr表示,又按它们的颜色分成Irr Ⅰ(颜色偏蓝)和Irr Ⅱ(颜色发黄)。

　　近年来,人们又增补一些类型:SBd型棒旋星系(星系核小,旋臂是断断续续的),麦哲伦星系,矮椭圆星系(质量小,有的与球状星团差不多),特殊巨椭圆星系,活动星系(具有明显剧烈活动的星系)。活动星系又分许多种,如赛弗特星系(光谱中有异常宽的发射线)、致密星系、马卡良星系(光谱中有强紫外连续辐射)等。

● 漩涡星系

银河系中的其他行星上
能有生命吗

● 银河系

生物进化的过程如此漫长,甚至可以和恒星演化的时间相提并论。我们知道,大质量恒星发光发热的时间只有几百万年,这对于生物进化实在太短暂了。因此,适合考察的对象只有从质量相当于或小于太阳的恒星中去找。银河系千亿颗恒星中的绝大多数,质量都算"合格",这是因为质量较大的恒星毕竟甚少。

除百分之几的少数例外,银河系中恒星的发热年限都很长,足以使智慧生物渐渐形成。但尚不清楚的是这些恒星有没有行星围绕着它们转,因为只有在围绕恒星公转的天体上才能具备生成液态水所需的温度。可惜天文学家对别的"太阳"周围的行星还一无所知。由于它们实在太遥远,即使离我们最近的一些恒星确有这种"伴侣"天体绕它们转,人们也还没有能做到用望远镜直接观测这些微乎其微的对象。可是话说回来,别的"太阳"周围也有行星绕着转,这是非常可能的,要打破生活在一个独特太阳系中这样一种概念的束缚。科学发展史曾一次又一次地表明,那种把人类放在宇宙中特优地位的想法是错误的。

我们已经了解,宇宙物质的角动量很可能使单星周围形成行星系。人类自己所处的行星系也支持这种观点。巨大行星——木星和土星甚至以它们的卫星群组成了具体而微的"行星系",看来这也要归因于角动量。因此,单星周围都有行星系在运转的假想是合理的。

如果在恒星形成的过程中由于角动量因素而产生了一对双星，那么即使在此之前行星曾经出现过，它们也应该在漫长的宇宙演变岁月中不是落到其中的一颗星上，就是被甩入宇宙空间。因为观测表明，半数以上的恒星是双星，所以银河系中算下来还剩大约400亿颗恒星伴有行星。那么，这些行星与各自恒星的距离是否合适呢？一个行星至少

●人类正在通过各种手段了解其他星球上是否有生命存在

应该满足的条件，是它与所属恒星的距离应恰好使得辐射在它表面生成液态水所需的温度。在太阳系中，水星过于靠近太阳，而离太阳比火星还远的行星则受阳光照射太弱，不够温暖。别的恒星周围的行星我们始终还没有见到，怎样才能知道它们之中有多少已经具备了距离恒星恰好的条件呢？我们的办法只能是和自己所处的行星系类比。地球无疑处在太阳系生命带内部，火星和金星靠近此带边缘。"水手号"探测器拍到的照片表明，火星表面的荒凉程度和月球表面类似。尽管火星有大气并且含有水分，但是在它表面上软着陆的一系列"海盗号"探测器经过取土分析并没有发现存在生物细胞的任何迹象。前苏联的一批探测器测到金星表面的温度超过450摄氏度，所以金星也不是生物

●银河中密集的恒星

● "海盗"号探测器

栖息的场所。在太阳系中地球似乎是独此一家。只要仔细想想，一个行星必须同时满足多少条件才能栖息生物，我们就会明白，天体具备适于生物生存繁衍的气候是多么罕见。1977年，美国航空航天局的一位科学家指出，只要把我们和太阳的距离缩短 5 ％，地球上的生物就会因过度炎热而不能生存；这段距离只要加长 1 ％，地球就要被冰川覆盖。我们所居住的行星伸缩余地是不大的，因此他认为，外部条件合适，使生物能进化到较高阶段的行星，在银河系中最多只有 100 万个。

在某个行星上如果适宜的气候能维持足够长的时间，生命一定会形成吗？除少数例外，整个宇宙中化学元素的分布大体上是相同的。银河系中离我们最遥远的恒星，甚至别的星系中的恒星，它们的化学组成和太阳一样。没有由硫组成的恒星，也没有由汞组成的云团。绝大多数的情况下，宇宙物质的最主要成分前出是氢，其次是氦，最后才是其他的化学元素。即使是在一个遥远的、气候适宜的行星上，也能找到构成一切有机分子所需的各种物质。天文学家在气体云中发现了各种有机分子，其中有乙醇、甲酸、氰化氢和甲醚等。当然，从这类简单有机化合物向那些构成生命基础的复杂分子演变，是一条漫长的道路。让我们假想：凡是可能孕育生命的场所，生物实际上都已出现，那么银河系中可能存在着的 100 万个居住生物的行星，这些生物也许各自都已演变 40 亿年了，只不过它们处在各不同的进化阶段罢了。

失落的世界

科学家提出在广阔的宇宙存在着一些不为人知的与地球环境相似的行星，它们被称为"失落的世界"。

科学家相信，这些行星在太阳系形成初期被摒出太阳系,从而成为宇宙中的"游魂野鬼"。它们的气候暖和而且湿度适宜,足以支持生命的存在。

美国行星科学家史蒂文森表示,尽管这些地球的"孪生兄弟"没有像太阳那样的恒星为它们提供热量，但它们的表面很可能有厚厚的氢气层，氢气层中蕴藏着由行星天然放射作用所发出的热量，并使这些微热得以长期保存。

● 宇宙探测器

史蒂文森说，这些"被逐者"从太阳系形成过程中所获取的热能,即使经过几百亿年也不会冷却。

史蒂文森强调,这一新发现并不是简单的推想,而是有一套完整的理论体系。早在数十年前,天文学家就认为星际空间存在"被逐"的天体,这些天体是太阳系产生时的"副产品"。

我们认为在太阳系形成时期,与地球质量大致相同的天体往两种方向发展:一是撞入像木星那样的大行星,二是被更大行星的万有引力引入太阳系以外的宇宙之中。

在太阳系形成的那一阶段,太空中很可能充满了氢。因此,被"释放"的行星就可能被氢包围，从而使它们能保留大致与地球地表相同的温度,甚至也有海洋存在。

如果没有阳光,像地球这样的行星的内部放射活动只能使温度保持在绝对零度之上一点,但是厚厚的氢气层却能防止热量逃逸,从而使它们温暖舒适。

液态的水被认为是与地球生命类似的生物存在所应有的条件,但不是绝对条件。史蒂文森说,那些"被逐"行星上面也可能有火山及闪电,从而使其表面温度可以支持生命,并维持生命长久存在。此外,在这些行星的大气层中,除氢以外还可能含有甲烷等气体。这一切与 40 亿年前地球开始有生命时的环境相似。

不过,史蒂文森指出,由于这些星球获得的能量只相当于地球的1/5 000,因此就算有生物存在,它们也是较为低等的。

史蒂文森这样描绘这些星球上的景象:"那里并不完全是冰冷黑暗的世界,频繁爆发的火山所喷出的红色岩浆使整个大地呈暗红色,而天空中则布满氢云,你在这里可能看不到美丽的星空。"

"失落的世界"理论问世后,引起了极大的争议,因为史蒂文森的论点目前基本上不能得到证实。那些遥远的孤星如果存在的话,也只能发出极少的放射热能或无线电波,以目前的技术而言,地球上的科学家根本无法观察到它们。

●火山爆发图

新星和超新星的爆发

有时候在某一星区突然看到一颗原来没有的亮恒星，经过几个月，又突然不见了。有人便误认为产生了一颗新"恒星"。其实不然。这是因为原来这里本身就有一颗比较暗弱的恒星，由于内部突变，光度增大到原来的上万倍，原来看不到，现在就看到了，目前在银河系已发现了 200 多颗这样的恒星。

一颗恒星的亮度超过原来的 1 000 万倍，这样的恒星就是超新星。超新星的爆发异常猛烈，它以每秒几千甚至几万千米的速度向

● 恒星突然爆炸达到极强的亮度，在我们看来似乎天空中又多了一颗新星

外抛射能量，可以说是目前已知天体上最激烈的天体活动。

早在我国的宋朝时候，就曾记录了一起超新星爆发时的情景，在 1054 年 7 月的一个清晨，突然出现了一颗非常亮的星体，就是在白天也能看得到，一直持续了 23 天才渐渐暗淡下去。后来到了 18

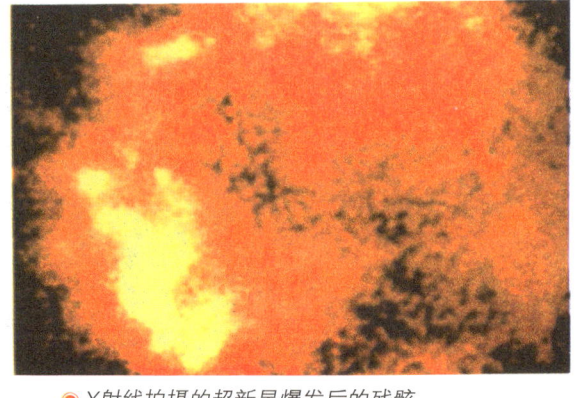

● X射线拍摄的超新星爆发后的残骸

●超新星

世纪，有一位英国天文学家用望远镜观察当时出现"客星"的那片天空，发现一团云雾状的东西，其形状有点像螃蟹，人们便把它叫作"蟹状星云"。经研究发现，这团星云还在不断膨胀，根据其膨胀的速度及其形状的大小，推算出它开始膨胀的时间正是宋朝时期看到那颗超新星的时间。

　　关于超新星，人们已经发现了很多，但对其爆炸的原因，还处于猜测、设想阶段。目前一种较为有说服力的观点是：其爆炸很可能是恒星内层向中心"坍缩"时极其迅速地释放出来的引力势能引起的。这又同"黑洞"理论挂上钩了。

●蟹状星云

五颜六色的恒星

读者可能会问，我们看到的夜空中那些闪烁的星星是同一种颜色吗？其实，天上的星星不都是一种颜色。

细心观察就可以看出恒星的颜色不一样，有红色、黄色、蓝色和白色等，犹如五颜六色的明珠。恒星为什么会有那么多种诱人的色彩呢？

你是否到炼钢厂去参观过？当钢水在钢炉里的时候，由于温度很高，它呈蓝白色，钢水出炉后，随着温度的慢慢降低，它也变为白色，再变成黄色，再由黄变红，最后变成黑色。可见，物体的颜色受物体温度影

● 画家笔下的炫丽星空

响。天上的星星也是如此，它们的不同颜色代表星体表面不同的温度。天体的温度不同，它们发出的光在不同波段的强度是不一样的。从恒星光谱型中我们已经知道，不同颜色代表不同的温度。一般说来，蓝色恒星表面温度在 25 000 摄氏度以上，如参宿七、水委一、马腹一(甲星)、十字架二(甲星)和轩辕十四等。白色恒星表面温度在 11 500～7 700 摄氏度，如天狼星、织女星、牛郎星、北落师门和天津四等。黄色恒星表面温度在 6 000～5000 摄氏度，如五车二和南门二等。红色恒星表面温度在 3 600～2 600 摄氏度，如参宿四和心宿二等。

太阳的表面温度约 5 500 摄氏度，照理讲，太阳应是一颗黄色的恒星，为什么我们白天看见太阳发出耀眼的白光呢？其实，这是太阳离我们较近的缘故。如果乘宇宙飞船到离太阳较远的地方，你会发现，原来太阳也是一颗黄色的星星。而美丽的朝霞和晚霞绽放红光是地球大气对太阳可见光中的红光折射率最大造成的。

SS433之谜

●SS433 天体神秘现象

1978 年，天文学家发现了一个奇异天体，叫作 SS433 。它在牛郎星附近，是银河系的一员，离地球大约 1.1 万光年。其实，这个天体在 50 年前就被人们发现过，当时人们只把它当作普通的恒星，没有重视。后来，它被写入斯蒂芬和桑杜列克两人编制的星表。因为他们的姓的头一个字母都是 S，这个天体在星表中排在第 433 号，所以称之为 SS433。

SS433 之所以成为一个谜，是因为人们发现，在它的光谱中有许多发生了很大红移和很大紫移的氢的谱线。一般讲，谱线移动的原因是天体运动。红移意味着天体离我们远去，紫移显示天体向我们飞来。SS433 的光谱表明，天体中的一部分物质正以每秒 3 万千米的速度向我们飞来，而另一部分物质却以每秒 5 万千米的速度离我们而去。同一个天体以相反方向运动，这是普通恒星不可能有的现象。因此，SS433 的出现，使科学家大惑不解。

人们还发现，1977 年 9 月到 11 月这段时间里，SS433 的红移量和紫移量都越来越大，可是到了年底又逐渐减小。经过持续的观测，人们才明白它的红移和紫移都在发生周期性的变化。因为许多新的天文发现都是从某种天体的周期特征开始的，所以 SS433 很可能藏有一些新的宇宙奥秘。

2004 年 1 月 5 日，在美国天文学会的一次国际会议上，美国佐治亚州立大学的一个天文学家小组宣布，首次捕获到从蚀星发出的光线，目前科学家正在对此加以分析。天文学家也同时表示他们已经揭开了 SS433 天体的部分神秘现象。对既有红移又有紫移的恒星状天体——SS433 的研究还在进行之中，我们希望有朝一日它的秘密被完全解开。

天狼星变色之谜

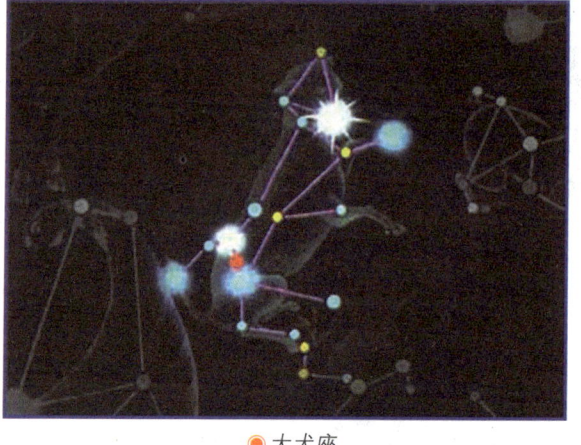

◉ 大犬座

天狼星,过去常被称为天狗星,位于大犬座,学名大犬座 α 星。它是夜空中最亮的恒星之一,也是离我们最近的恒星之一,距离我们不到 9 光年。即使在天气不好的夜晚,我们也能观察到它闪烁着白色的星光。

然而,在古罗马的时候,每年 7 月,当天狼星首次从晨曦中的地平线出现时,人们总要献上他们的祭品。他们的诗人写道:"火星闪烁着温和红光,而天狼星的红色却比它更强。"很多有名的古典作家都把天狼星的光芒描写成红色。甚至在公元前 1000 年以前,古巴比伦人也用他们的楔形文字记录下这颗星的颜色是红色的。难道古代天文观测者都观察错了吗?

有的科学家认为,古代天文学家是在天狼星接近地平线时观察它的,正如落日一样,天狼星因地球大气的折射而呈现红色。

但是,德国天文学家施洛夏和历史学家柏格文却提出异议。他们认为,一直到公元 6 世纪,古代天文学家观察到的天狼星都是红色的。这两位学者联名在《自然》杂志发表了一篇文章说,他们

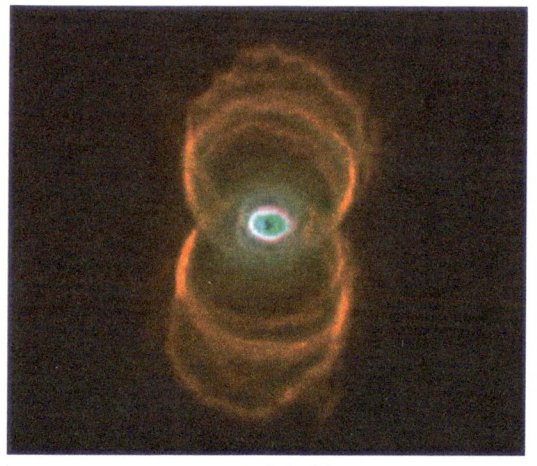

◉ 红巨星

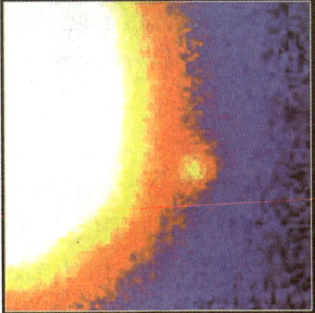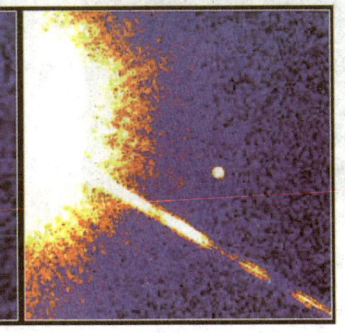

●白矮星

研究了中世纪前期法兰克王国都尔教会主教格雷戈里在 577 年所作的编年史。为了给当时各修道院提供正确的晨祷时间，格雷戈里主教在他的卷册中列出了每一个月某些星座从地平线上升起的时刻。他们在研究了编年史中这些星星的上升时间及它们在晨曦中消失的时间以后，认出了其中的一颗星就是天狼星。格雷戈里主教把这颗星称为"卢比奥拉"，意思就是"红色"或"铁锈色"。他们指出，格雷戈里主教没用传统的星名，可能是因为他不熟悉古希腊、古罗马的星象知识。所以，这两位德国天文学家得出结论：天狼星在 1 400 多年之前，还是红色的。然而，大约 400 年之后，在阿拉伯天文学家阿尔·苏菲所编制的星表中，天狼星并没有被列入红色星一类。因此，天狼星就是在这大约 400 年的时间中改变了颜色。

到了 19 世纪，天文学家又发现了天狼星原来是一颗双星。它有一颗伴星，名为天狼星 B。因为天狼星 B 太暗，我们用肉眼看不到它。它是一颗白矮星，是死亡中的星球。

天文学家认为，年老的星球在变成白矮星之前，都会先变冷，膨胀成为红巨星。这两位德国天文学家认为，古代天文学家观察到的正是变成红巨星的天狼星 B。因为古代天文学家是用肉眼观察的，所以他们不能把白色的天狼星 A 从天狼星 B 耀眼的红光中分辨出来。由于两颗星的光芒相加，所以当时的天狼星特别明亮。古巴比伦人的楔形文字记载，当时可以在白天的天空中看见天狼星。

天狼星 B 演变为白矮星的过程可以是逐渐的，也可以是突然的，这取决于天狼星 B 原来的质量。大多数天文学家认为，一颗红巨星逐渐演变成白矮星大约需要 10 万年的时间。所以说如果天狼星 B 在 400 年之内逐渐演变成白矮星，这段时间实在短得令人惊奇！

如果说天狼星 B 是突然坍缩的，那么这个过程应伴随有一次天狼星 B 的大爆发，并且抛出它的大部分星体物质到空间。但是我们却观察不到这次爆发的任何蛛丝马迹。例如我们

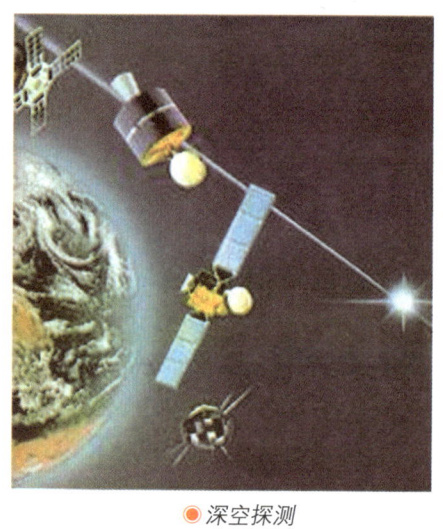

● 深空探测

应该观察到围绕着天狼星 B 有一个向外扩张的气体云环。而且，天狼星 B 的爆发肯定会使天狼星在几个星期或者几个月中突然变得十分耀眼，会在地球人心中留下深刻印象。但是，到目前为止，我们还找不出任何有关这次爆发的文字记载。

有一条线索或许可以追寻下去。对天狼星 A 的光谱分析指出，天狼星 A 的金属含量比同类星球的正常含量高。科学家指出，这多出来的金属成分可能是天狼星 B 爆发时喷到天狼星 A 上，为天狼星 A 所吸收的。不管怎样，施洛夏说："由于对天狼星的研究，我们可能要改写天体演化的理论。"

● 深空探测器

61

太阳系起源之猜测

因为太阳同人的关系太密切，所以两个多世纪以来，许多杰出的思想家都探讨过太阳系的起源，但是一直没有一种权威说法，因此人们提出了一种又一种假说，累计起来，已经有 40 种之多。其中影响比较大的，主要有以下几种观点。

灾变说。这个学说的首创者是法国的布丰。20 世纪的前五十年，又有一些人相继提出太阳系起源于灾变。这个学说认为太阳是先形成的。在一个偶然的机会中，一颗恒星或彗星从太阳附近经过或撞到太阳上，把太阳上的物质吸引出或撞出一部分，这部分物质后来就形成了行星。根据这个学说，行星物质和太阳物质应源于一体，它们有"血缘"关系，或者说太阳

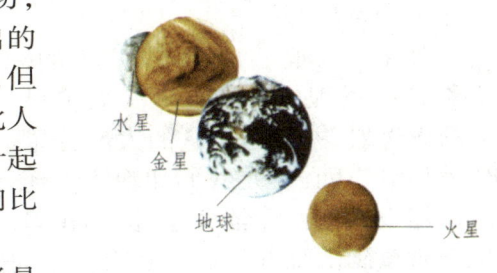

太阳系八大行星示意图

和行星是母子关系。他们都把太阳系起源归结为一次偶然事件，而不是从演化的必然规律去进行客观的探讨。因为银河系中行星系是比较普遍的，太阳系绝不应是唯一的行星系，只有从演化的角度去探求才有普遍意义。就单从撞击来说，小天体如果撞击到太阳上，它的质量太小，不可能把太阳上的物质撞击出来，小天体必被太阳吞噬。1994 年彗星撞击木星就是极鲜明的例证。21 块彗核对木星发起连续的攻击，在木星表面仅引起小小一点涟漪，就被木星消化掉了。如果

说恒星与太阳相撞,这种概率就更小了。因此,曾提出灾变学说的一些人,后来也自动放弃了原有的观点。

●大哲学家康德

星云说。这种观点首先由德国哲学家康德提出,几十年以后,法国著名数学家拉普拉斯又独立提出了这一观点。他们认为,整个太阳系的物质都是由同一个原始星云形成的,星云的中心部分形成了太阳,星云的外围部分形成了行星。然而康德的观点和拉普拉斯的观点也有着明显差别,康德认为太阳系是冷的尘埃星云的进化性演变,先形成太阳,后形成行星;拉普拉斯则相反,认为原始星云是气态的,且十分灼热,因其迅速旋转,先分离成圆环,圆环凝聚后形成行星,太阳的形成要比行星晚些。尽管他们的观点之间有这样大的差别,但是大前提是一致的,因此人们便把他们的观点合在一起,称为"康德—拉普拉斯假说"。

俘获说。这个学说认为太阳在星际空间运动中,遇到了一团星际物质,太阳靠自己的引力把这团星际物质捕获了。后来,这些物质在太阳引力作用下加速运动,类似在雪地里滚雪球一样,由小变大,逐渐形成了行星。这个学说也认为太阳是先形成的。但是,行星物质不是从太阳上分出来的,而是太阳捕获来的。它们与太阳没有"血缘"关系,只是"收养"关系。

因为各种假说都有充分的观测、计算和理论根据,却也都有致命的不足,所以一直也没有一种被普遍接受的假说。关于太阳系的起源问题还在等待着新的假说出现。

太阳系家族全貌

● 图为太阳系的8大行星及其绕日轨道,不时有彗星穿越其间

我们生活的太阳系,都有哪些成员呢?

太阳系家族"人丁兴旺"。截至 2019 年 10 月,太阳系有 8 大行星、近 500 颗卫星、至少 120 万颗小行星及许许多多的彗星,还有数不胜数的流星体和行星际物质。

太阳系家族成员"各有千秋"。卫星各司其主,8大行星及小行星和彗星各行其道。大者有木星,小者有流星体;美者如土星的光环,丑者有外表不雅的小卫星。林林总总,形形色色。

太阳系家族"和谐统一"。一是,所有的行星都在几近于太阳赤道面的轨道上环绕太阳运动,远望如同大大的平底锅;二是,所有主要行星都以同样方向绕太阳运行;三是,各个主行星都绕自己的轴做逆时针旋转,同时也绕太

● 探测器到达土星轨道模拟图

●太阳系概况

阳做逆时针运转；四是，这些行星以顺序渐增的距离分布，而且有近乎圆形的轨道；五是，除个别卫星外，大部分卫星也在近乎圆形的轨道上逆时针方向绕行星运转。

太阳系家族"势力范围很大"。如果以矮行星冥王星为边界，它到太阳的距离是 60 亿千米，假如乘坐时速 1 500 千米的波音飞机，要连续飞行 457 年，这对于人的一生来说，实在太漫长了。其实，冥王星也许并不是太阳系的边疆，人们一直没有停止过对冥王星以外的行星的探索。再说，彗星轨道扁长，比冥王星远的彗星仍大有"星"在。有人相信，在距太阳 0.8 光年处，有一个彗星"仓库"——彗星云。

不管怎么说，巨大的太阳系家族的首领——太阳，以自身强大的吸引力，把周围大大小小的"臣民"牢牢地控制在自己身边，形成了一幅多而不乱、大而有序、和谐统一的太阳系图景。

●冥王星：太阳系的矮行星之一，公转周期约为 248 年，自转周期约 6.4 天

揭开太阳的面纱

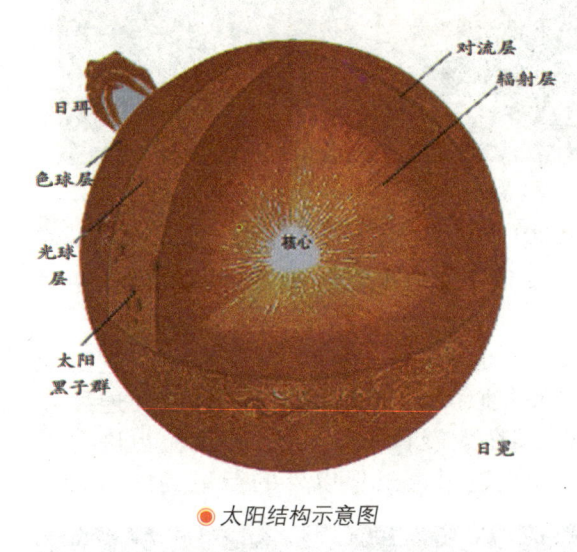

太阳结构示意图

太阳赐予地球的光和热，是生命产生和发展不可或缺的，但直到科学发展到今天，我们才一点一点揭开这个与我们息息相关的巨大星球的面纱，了解它的真实面貌。

为研究方便，天文学家把太阳分成了"里三层"和"外三层"。里三层，从中心向外，依次是核反应区（太阳能量产生的区域）、辐射层、对流层（太阳能量的输送带）。外三层依次为光球层、色球层和日冕层。

光球层。我们平常看到的太阳圆面。这一层常有黑斑出现，称为太阳

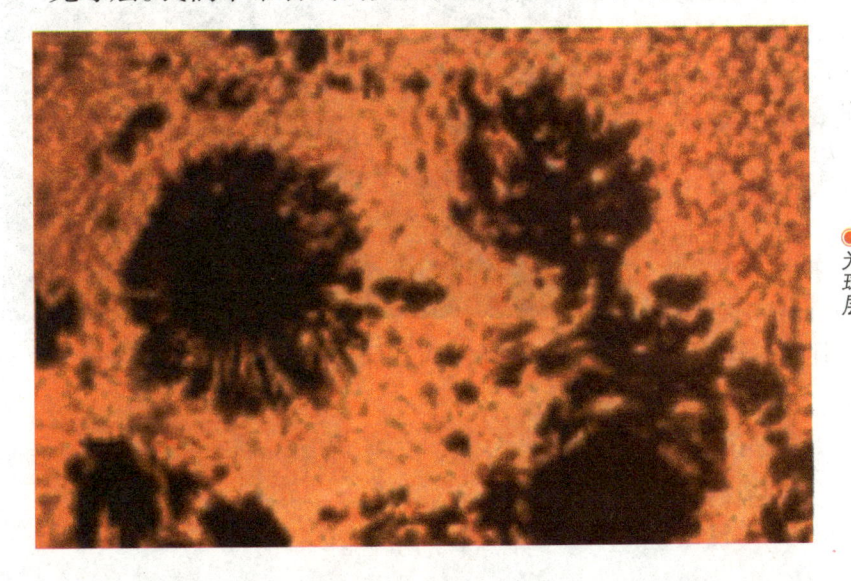

光球层

黑子。黑子并不黑,只是温度比周围低约 1 500 摄氏度,黑子常呈周期性变化,周期约 11 年。光球面上带有一些像"米粒"一样的物质。其实"米粒"并不小,直径有 1 000 多千米。"米粒"上下翻滚,酷似一锅煮开了的大米粥。

色球层。这一层在光球层外,只有用专门仪器才能看到,约有 2 000 千米厚,是一层呈玫瑰色的气体层。在这一层,常常突然升起几万千米甚至一百万千米高的火柱,这种现象称为日珥。这一层最有特点的是常发生惊天动地的爆发,每次爆发的能量不亚于上百万个氢弹爆发的能量。这种大爆发现象称为耀斑。耀斑发生时常导致地球上通信中断甚至指南针失灵。

日冕层。这一层只有在日全食时才能见到。这一层的显著特点是太阳粒子流以每秒几百千米甚至上千千米的速度喷射到星际空间。

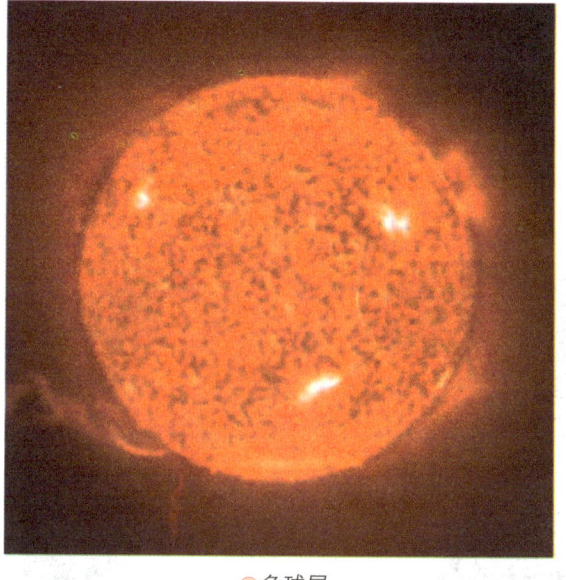

●色球层

●日冕层

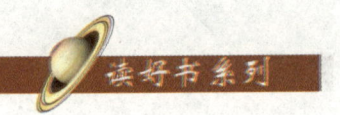

日　食

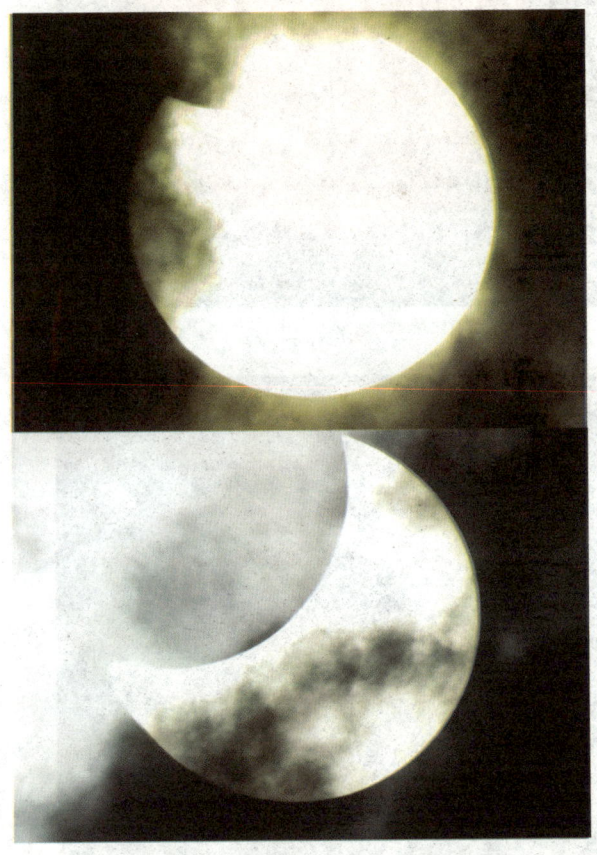

● 日食

　　月球总在围绕地球公转，不到一个月的时间，便旋转一圈。地球带着月球围着太阳公转，要一年才一圈。因为这两个公转面不在同一平面上，所以月球、地球和太阳很少能处在同一平面。我们把三个星球同处在一个平面，叫作朔日。

　　在朔日里，当月球运行到地球和太阳的中间时，太阳的光被月球挡住，不能射到地球上，便发生了日食。太阳被全部挡住时，叫日全食，部分被挡住叫日偏食，中央部分被挡住时，叫日环食。如果戴上一副墨镜，或在玻璃片上涂上层墨汁，会看得更清楚。日食是一个很有趣的自然现象，持续时间很短，所以对我们的生活几乎没有影响。

解读金星

长久以来，人们都把金星看成地球的孪生姐妹。它的大小、质量和密度都与地球相近，而且也有很厚的大气层。今天我们也知道，金星的表面是一片炽热的、没有任何生命的荒原。1982 年 3 月，苏联行星探测器"金星 13 号"和"金星 14 号"的着陆器成功地降落到金星上，对金星表面土壤进行直接化学分析，迈出了探测金星的新的一步。

关于金星，曾有过不少猜想。有人说金星的表面是一片汪洋，有人说是石油海，天体植物学者则说金星表面适合生物生存，真

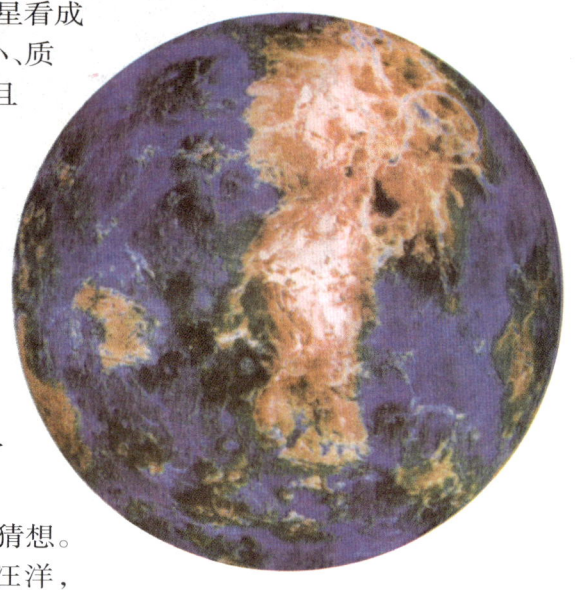

●金星东半球的彩色雷达地图,图中的颜色用来显示土地的高度

是众说纷纭。因为它总把真面目用厚厚的云层遮盖着,用光学方法无法穿透这块"蒙头纱"。1975 年年底,"金星 9 号"和"金星 10 号"完成了对它的电视实况转播,直接从着陆点发回了全景图像。人们这时才弄清,藏在浓云后面的是一个没有生命的世界。那里,温度高达450 摄氏度,借助于装在金星探测器上的雷达,经过几年的努力,科学家绘制出了金星的地形图。从图上看到,金星表面 2/3 是丘陵地,高度在 2500 米以下,上面有很多火山口;其余部分是高原,深谷纵横交错,这里温度低于 50 摄氏度。在山区发现一些火山,其中有的高 11 000 米,比珠穆朗玛峰还高一头,当然比火星的奥林匹斯山(27 000 米)矮多了。平坦低地约占金星表面的 30 %,看起来很像月海。

金星表面风速很小,不超过每秒 1 米,但这并不意味着它是感

觉不到的。苏联天体物理学家莫洛兹指出，在金星大气压条件下（100个大气压），风声是非常大的，相当于我们在地球上置身于闹市所感受到的喧嚣声。

计算和模拟试验表明，如果在金星和地球上扬起同样

● 金星火山及裂谷

数量的尘屑，那么，在金星上所需的风力仅为地球的 1/10。

金星的天空总是橙黄的，从未有过蓝色。因为它的大气密度过高，使得紫色、蓝色和淡蓝色光都散射掉了。甚至连山岩、石头也是橙黄色的，这是从"金星13号"和"金星14号"发回的彩色照片上看到的。

这些橙黄色的岩石是由什么组成的？与地球上的岩石有何异同？这些问题，当然无法从照片得到解答。在"金星8号"（1972年发射）、"金星9号"和"金星10号"（1975年发射）的着陆点，通过辐射探测，成功地测出了岩石中所含的部分元素——钾、铀和钍，发现金星上可能有放射强度与地球上的玄武岩和花岗岩相似的岩石。

● 由哈勃望远镜拍摄的金星

金星有含硫的矿石，很可能正是硫的循环才导致金星没有冬夏，没有雨雪。金星厚达25千米的云层可能就是由硫酸液滴组成的。含硫的气体是金星大气的重要成分，而表面岩层

中又含有大量的硫。这是物质循环的环节呢，还是偶然的巧合？目前看法还不一致。

关于金星大气是否非常干燥，也有许多争论。"金星13号"和"金星14号"测出靠近金星表面大气含水蒸气不超过 0.002 %，这就完全否定了金星上可能有海的推论。金星表面没有一滴水珠，甚至连水分子也难存在，炽热的大气接触表面岩石，改变着岩石的化学成分。通过"金星13号"和"金星14号"的考察，我们知道了金星上最多的岩石是玄武岩，而且在不同地区，其成分也不相同。低地上大多是火山熔岩产物，成分与地球海洋地壳的相同。这种岩石叫高钾含量碱性玄武岩。高原上的玄武岩含有大量钾和镁。在地球上这种岩石生成得比较晚，不会早于 26 亿年前。至于金星上是否曾有过水，尚无法回答。美国学者宣称，从金星号所测定的金星土壤的导电性中发现，高原被一层异常的、导电性很强的外壳包围着。在地球上只有硫化铁才具有这种特性。"金星号"着陆区土壤分析证明了一条类地行星地质史的共同规律：玄武岩的火山活动是行星外壳长期演化不可缺少

●金星快车发射升空过程模拟图

的一环。金星玄武岩的成分（硅、铝、铁等）与地球的相似，说明了太阳系所有行星的演化特征。

总之，对金星的探测已取得了不少成果。人们对这颗行星的认识正逐步加深。

金星为何如此明亮

金星在我国古代俗称"太白金星"，又叫"启明星""长庚星"，是天空中最亮的星星，仅次于太阳和月亮。金星最亮时，亮度是天空中最亮的恒星——天狼星的 10 倍。

金星如此明亮的原因有两点。一方面，因为它包裹着厚厚的云雾，这层云雾可以把 75 % 以上的日光反射回来，而且对红光反射能力又强于蓝光，所以金星的银白光色中，多少带点金黄的颜色。另一方面，金星距离太阳很近，是距太阳第二近的行星，它到太阳的距离是 10 800 万千米，太阳照射到金星的光比照射到地球的光多一倍，所以这颗行星显得特别耀眼明亮。

金星绕日公转轨道在地球的内侧，这点与水星很类似。但金星的轨道比水星轨道大一倍，所以，金星在天空中离太阳就要

● 金星的表面

远些，容易被看到。金星被我们看到时，它与太阳的距角可以达到 47 度，也就是说，金星在太阳出来前三小时已升起，或者在太阳落下前三小时出现在天空。这样很多地区的人很容易见到它。在我国古代，当它在黎明前出现时，叫作"启明星"，象征天将要亮了；而当它在黄昏出现的时候，叫它"长庚星"，预言长夜来临了。启明星、长庚星都是指金星，往往是晚上第一个出现和清晨最后一个隐没的星星。

对木星的考察

　　木星的确是一个非常奇异的星球,在地球上是无法想象的,它的直径约是我们地球直径的 11 倍,上面覆盖着厚厚的彩色云层。

　　因为木星离太阳非常遥远,所以它得到的光和热很少。它之所以在空中显得非常明亮,是因为它非常大,而且它的云层比陆地或水面能更好地反射太阳光。

　　我们只要支起一架小小的望远镜,就能看到这个遥远世界的许多颇有意思的景色。我们先会看到木星披着明亮的彩带,这是它厚厚的大气层中一条条的云带。

　　有时我们能看到这颗行星的视面上有一个红斑。三百多年前天文学家就发现了它,称它为"大红斑"。今天我们知道,"大红斑"是木星大气层中一个猛烈的风暴,约有 24 100 千米长,比地球大得多。我们还会看到木星并不是正圆的,而是中腰鼓起。它转动得非常快,每 10 小时转一周,所以木星上的一天只有 10 个小时。它厚厚的大气层顶端的云层,也随之以约每小时 35 400 千米的速度转动,这样高的速度所产生的离心力把云层拉成一条一条的,也使行星沿赤道隆起。

　　紧靠着木星,我们可以看到几颗极小的星星,这是木星的卫星。木星有 79 颗卫星围绕它旋转,但用小望远镜只容易看到 4 颗,这是意大利著名科学家伽利略于 1610 年观测到的。如果我们连续几个晚上标下木星及其卫星的位置,我们就会像伽利略在近四个世纪

● 木星大红斑图

以前所看到的那样，发现这些卫星只需几天就环绕木星转动一周。

即使用很大的天文望远镜，天文学家也只能像我们用小望远镜那样，仅仅看到木星大气的顶层，要对这颗奇特的行星进行更详尽的观察，则必须使用无人宇宙飞船。

第一艘飞近木星的宇宙飞船是1972年

● "先驱者10号"宇宙飞船的图片

发射的"先驱者10号"，接着是1973年发射的"先驱者11号"。这两艘飞船送回了木星的大量近距离照片和有关情况，1979年3月又有一艘飞船飞近木星，这就是1977年发射的"旅行者1号"，而"旅行者2号"也在1977年8月飞过这颗巨星。

直到现在，还没有宇宙飞行员冒险进入木星的大气层，但科学家认为，他们已推断出那隐藏在神秘云层和风暴下面的是一个什么样的世界。

在木星的天空下面翻腾着一片片红色、棕色和黄色的漫无边际的云海，天空一片漆黑，上面点缀着成千上万颗闪烁着的星星，在木星上，太阳只是一颗非常明亮的星星，它比从地球上看去要暗27倍，但如果不戴保护镜，它还是非常刺眼的。

如同在地球上一样，从木星上看到太阳从东

● 艺术家描绘的"先驱者"10号绕木星飞行的情景

方升起，又从西方落下。但因为木星的昼夜只有 10 个小时，所以太阳在空中也就停留 5 个小时！

在木星的天空中，最有意思的物体是它的卫星。其中一些看上去只是星际中模糊的亮点，另一些则非常明亮，就像我们的月亮那样每月变换着月相。

最外层的伽利略卫星——木卫四

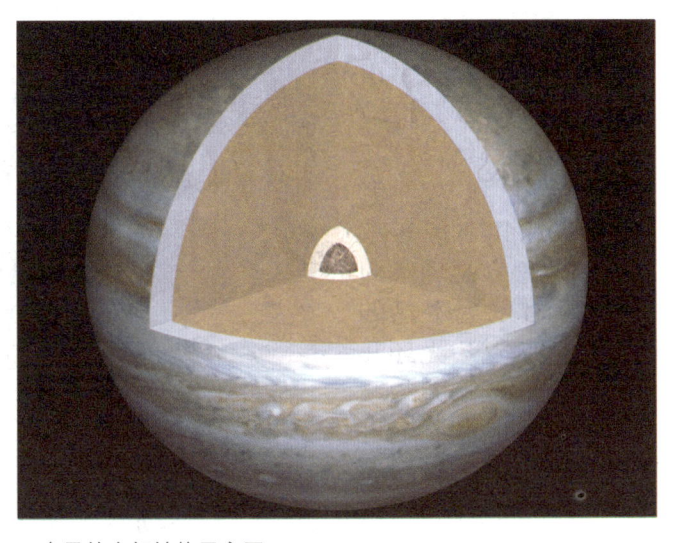

● 木星的内部结构示意图
由图中可以看出木星主要由液态金属氢组成，液态金属氢与表层木星大气之间是液态分子氢和分子氦的混合层。

由于被陨星撞击，它的表面布满了环形山。尽管它上面没有高山，但却有一个在太阳系中前所未见的奇观：一个巨大而平坦的圆形盆地，周围镶嵌着一圈圈同心的山脉。科学家推测，由于一颗特大陨星的撞击，融化了木卫四表面的冰层，使水从撞击处向外扩展，而又很快重新冻结，因而形成了这些山脉。

相邻的木卫三也像木卫四一样，至少有一半是由水和冰构成的，它有着平坦的山脊和看上去像是地球上的断层线一样纵横交错的裂纹，这可能是由被某些地质学家称为"水震"的现象造成的。与木卫四相比，它表面的陨星坑较少，其表层年代也只有木卫四的四分之一，约为 10 亿年。

鲜艳的、橘红色的木卫一几乎同木星一样非凡出众。它和月亮大小差不多，每天从空中掠过一次。它的表面布满了高原、高地、平原、断层线，和至少一个可能仍然活动着的、直径为 48 千米的大型火山。可是木卫一的表面却出乎意料地光滑，这说明它还很年轻（1 千万年至 1 亿年）。它几乎没有陨星坑，没有这种痕迹的岩石体迄今只发现了一个。

迄今为止，只有天文学家才能看到最里层的木卫五，它仅仅是一个针尖大小的亮点。这颗微小卫得原来是一个奇形怪状的长形天体，它高约 128 千米，长约 250 千米。最令人震惊的是，在木卫五的轨道里面存在着一股物质的溪流，这只能被解释为一个由大粒子所组成的光环。

木星本身曾被"先驱者10号"和"先驱者11号"宇宙飞船考察过，因此很容易理解为什么没有发现木星的光环。因为这个光环几乎薄得像"纸"，大约厚1千米，从地球上不可能看到它。

木星的上层大气，主要是由透明的氢气构成的。因为木星引力

● 色彩斑斓的木星大气

比地球引力强两倍半还多，如果在地球上的物体重是45千克，那么在木星大气层顶端就将重120千克，在明亮的、黄色的云层下面，是地狱般的高温和难以忍受的气压，人类绝不可能在这种条件下生存。

木星的天空呈现蓝灰色，是一个由冻结了的氨结晶所构成的浓密的、黄白色的云海。那里的气温将近-93摄氏度。离地平线不远的地方，可以看到一股巨大的、红色的飓风在翻腾，它比周围的云层高出近8千米，这个风暴就是木星的大红斑。

继续向木星云层的深处下降，气温不断升高，只有微弱的太阳光线能透过云层。但是这里——木星大气层的深处，并不是鸦雀无声的，而是有一种低沉的、地球上听不到的隆隆声，从四面八方滚滚而来，这是旋转翻腾的风和云的吼声。

如果下降到1 100千米，便会进入氢的王国。这里，极高的温度和压力把氢变成了液态的海洋。唯一的光亮是来自周围的巨大闪电，它们使地球上的闪电看上去只不过是大大的火花。这里的雷鸣更是震耳欲聋。

这个氢的海洋有24 900千米深，而且越深入就越黏稠越热，似乎存在着茫茫宇宙间最为恐怖的情况。

在地球上，常温常压下的氢是一种清澈的气体，但在木星如此之高的温度和压力下，氢就被压缩得像金属一样，能够传导热和电！

如果再下降3 200千米，温度更高。要接近木星中心的地方，得穿过一层960千米深的液态氢的海洋。在木星中心，会发现一个是地球10倍

的岩石心。这里的温度约 17 000 摄氏度,简直令人难以置信! 64 400 千米高大气层的重力也是在地球上所无法想象的。因为木星温度高,又有大量的氢,所以它更像太阳,而不太像地球。如果木星质量再增大 80 倍,那它就成为一颗恒星了。

这样"恶劣"的地方,人们以为不可能有任何生命存在。但实际上木星是我们的太阳系中最可能发现新的生命形态的地方。它的厚厚的云层包含着许多有机化学物质,使得它呈现各种各样的颜色。在某一区域,有着同地球相似的温度和压力。那里的云层同几十亿年前孕育着生命的原始地球大气层极其相似。

同时,很多科学家指出,假如在木星的云层中存在着生命,它们绝不会有智慧,它们甚至没有借以生长的土地和岩石。但是,它们可能会在云雾中漂游并能呼吸木星大气层中粗糙的化学物质。有些科学家认为这种生物甚至可能有 1.5 千米那么高! 木星,一个奇特而又神秘的世界,人类什么时候才能去访问呢?

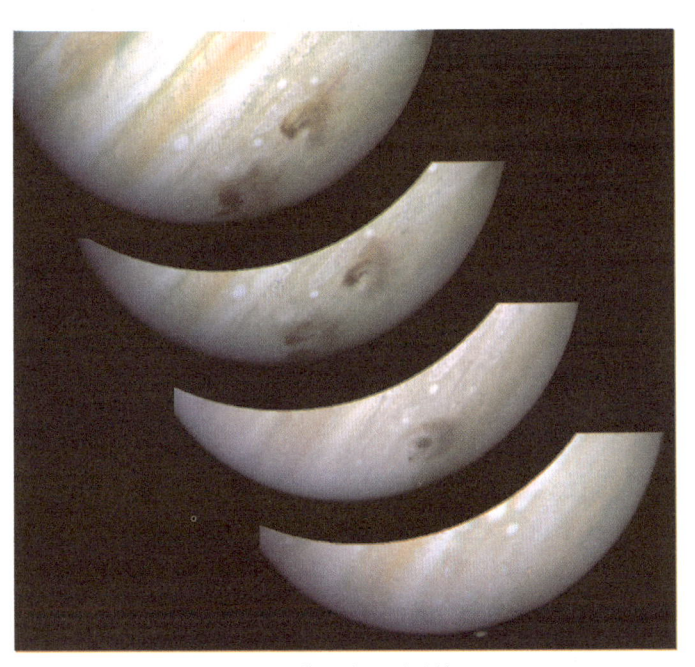

●彗星撞击木星时的情景

木星会成为"第二个太阳"吗

　　木星是个特殊行星，又大又重又快，它的几个特性在科学家心中留下悬念。

　　其一，木星的温度。木星表面的温度，超出它目前从太阳获得的能量所能维持的温度。根据计算出的结果，木星表面的温度应该是−168 摄氏度。空间探测器"先驱者 11 号"在 1974 年 12 月飞越木星时测到木星表面温度为−148 摄氏度，对这 20 摄氏度的差异怎样解释呢？是否有来自木星内部的热源呢？

　　其二，木星亮度有增加的趋势。我国天文学家刘金沂长期研究发现，水星、金星、火星、土星的亮度在几千年来呈现减弱趋势。但木星亮度每年增加 2 %，每千年减少 0.003 星等，这种现象说明什么呢？行星反射太阳光而发亮，太阳在漫长演化过程中，亮度呈减弱之势，体积膨胀，表面温度从 5 500 摄氏度下降到 3 000 摄氏度左右，木星亮度增加只能从它自身找原因。结论是木星有内部热源并呈有增长之势。

● 木卫二

　　其三，木星从太阳那里不断捕获能量。太阳不停向外辐射能量，携带着带电微粒的太阳风拂过行星，其中的一部分被各种天体吸收，作为行星之王的木星，当然有本领捕获更多。因此，木星在增加质量的同时又增加能量，慢慢壮大起来。

其四，木星在得到太阳能源的同时还要向外辐射能量。经研究，它释放的能量是它从太阳那里所获得能量的两倍，说明木星的能量有一半来自它的内部，才能维持这种不平衡的能量状况。

其五，木星由液态氢构成，同太阳有相似的大气成分。

● 木卫三

木星目前的质量虽然只是太阳 1/1 000，体积是太阳的 1/1 000，温度也很低，但苏联科学家苏齐科夫和萨利姆齐罗夫在 1982 年提出，木星的核心温度已高达 280 000 摄氏度，说明那里正在进行热核反应。木星的能量越来越大，且越来越热，亮度增加也变得更加活跃，正向"恒星"进军。由此他们提出了大胆的看法：30 亿年后，到太阳的晚年，木星将一跃成为恒星，取代太阳的地位。

观察表明，由于木星向四周施热，已融化了较近的木卫一上的冰层，

● 木卫四

但木卫二、木卫三、木卫四仍有冰层覆盖着。

至于木星成为恒星以后，其他行星、卫星会怎样？那时太阳系格局将发生巨大变动，地球可能腹背受敌，生命、文明也会毁于一旦，但经过 30 亿年的漫长岁月，且不说木星到那时是否会成为恒星，即便真是如此，人类的文明应该早已发展到一个很高的层次，完全能寻找到自己的第二个家园。

解 读 水 星

在肉眼能看到的五大行星中,水星是最难以捉摸的。因为它离太阳最近,躲藏在强烈的阳光里,难以一睹它的容貌。就连鼎鼎大名的天文学家哥白尼,也因没有看到过水星而终身遗恨。但是在机缘巧合的情况下,水星会从太阳面前经过。这时,人们可以看见在明亮的太阳圆盘背景上出现一个小圆点,那就是水星,这种现象叫作"水星凌日"。

●水星凌日

水星凌日时,水星在太阳明亮的背影上呈现一个黑点,仔细观察会看到水星的边缘异常清楚,这说明在水星上是没有大气的。

因为水星离太阳比地球离太阳近得多,水星到太阳的距离只有日地距离的一半不到,所以在水星上看太阳就比地球上看到的大得多,当然也更耀眼。更为奇特的是,因为水星上没有大气,所以可以看到星星和太阳同时在天空中闪耀。

在太阳系的八大行星中,水星获得了几个"最"的记录。

(1)水星和太阳的平均距离为 5 790 万千米,约为日地距离的 0.387 倍,是距离太阳最近的行星,到目前为止还没发现有比水星更接近太阳的行星。

(2)水星离太阳最近,所以受到的太阳引力也最大,因此它在轨道上跑得比任何行星都快,轨道速度为每秒 48 千米,比地球的轨道速度快每秒 18 千米。这样快的速度，只用 15 分钟就能环绕地球一周。

（3）"水星年"是太阳系中最短的。它绕太阳公转 1 周只有 88 天，还不到地球上的 3 个月。在希腊神话中水星被比作脚穿飞鞋、手持魔杖的使者。

（4）水星距离太阳非常近，又没有大气来调节，在太阳的烘烤下，向阳面的温度最高时可达 430 摄氏度，而背阳面的温度则低到 −160 摄氏度，真是一个处于火与冰之间的世界！昼夜温差近 600 摄氏度，夺得行星表面温差最大的冠军，并且当之无愧。

（5）在太阳系的行星中，水星"年"时间最短，但水星"日"却比别的行星更长，在水星上的一天（水星自转一周）将近地球上的两个月（为 58.65 个地球日）。在水星的一年里，只能看到两次日出和两次日落，那里的"一天半"就是"一年"。

为了揭开水星之谜，美国宇航局在 1973 年 11 月 3 日发射了"水手 10 号"行星探测器，前往探测金星（1974 年 2 月 5 日）和水星（1974 年 3 月 29 日）。"水手 10 号"在日心椭圆轨道上和水星有两次较远距离的相遇，拍摄了第一批水星表面大量坑穴的照片。从此水星表面的真面目被逐渐地揭开了。

1974 年 3 月，"水手 10 号"行星探测器从相距 20 万千米处拍下了水星的照片，粗略看去很容易和月球照片相混淆，但仔细去看，水星表面的坑穴比月球上的环形山更多、更密，经分析证实这些大多是 40 亿年前被陨星撞击形成的。

"水手 10 号"先后拍摄了水星表面 2 000 多张照片，清楚地看到水星表面有大量的坑穴和复杂的地形。在水星上有一个直径 1 300 千米的巨大的同心圆构造，这很可能是一个直径有 100 千米的陨

● 水星

星冲撞造成的,它很像月球背面"东方"盆地的情形。这个同心圆构造位于水星赤道地带,特别酷热,所以用热量单位"卡路里"来命名,叫做卡路里盆地。另外有的坑穴还有像月球上某些环形山具有的辐射状条纹。这也许是小的天体撞击水星时,产生了许多小碎片,向四方飞散造成的,有的长达400千米。水星表面共有100多个具有放射状条纹的坑穴。

● 水星结构示意图

水星的表面还有一个特征,就是到处都可遇到3～4千米高的断崖地形,有的甚至长达几百千米,这些被认为是水星冷却收缩形成的。当然,真正的原因仍在探索与研究中。

水星的赤道半径只有地球的2/5,密度和地球接近,一般认为构成水星的物质比地球重。科学家推断,水星中心有一个铁镍组成的核心,大小可能和月球差不多。

水星也有磁场,大约为地球磁场强度的1/100,但比火星的磁场要强得多,这是"水手10号"探测水星时所了解到的。谜一般的水星现在已经向我们揭开了它的面纱,进一步的探索还有待于未来。

● "水手10号"航天飞行器

探 索 火 星

仰望浩瀚无垠的天空,总不免思绪萦绕,提出这样一个问题:在我们居住的地球之外,还有没有被智慧生物统治着的天体呢?每当人们议论起这个问题,最先想到的就是火星。太阳系范围内,这颗美丽的闪耀着红色光芒的星星,跟地球一样是一颗行星。它直径约为 6 800 千米,几乎只有地球的一半大,质量是地球的11 %,绕着太阳公转一周所需的时间相当于地球上的 687 天。火星的自转周期比地球多37 分钟。更有趣的是,它也是

● 火 星

侧着身绕着太阳旋转,自转轴与轨道平面的夹角为 25 度,因此就和地球一样有着季节的变化。所有这些,使火星获得了"小型地球"的称号。

地球上有生命,"小型地球"上又怎么样呢?

早在 300 多年前,有人就发现火星的两极有"极冠",夏天它会收缩变小,冬天它又扩大。极冠很像是覆盖在火星两极的冰雪。如果是这样,那么它就是火星上存在着大量水的证明。大家知道,水的存在,是生命存在的前提。

1877 年,意大利天文学家夏帕勒里用望远镜看到了火星上密布着有规则的线条,他把它们称为天然的水道——河渠。这个名词后来被错误地翻译成"运河"。

另外,多次用望远镜观测还证明,火星上会一年一度地出现一种暗色的阴影笼罩地面,春末夏初扩大,变得十分显眼,到了秋冬两季,又消失而变成黄褐色。人们说,这不是火星上植物荣枯的反映吗?

● 火星约旦区的树枝状河川

火星上的这些现象,让不少人兴奋不已,认为在茫茫太空里,人类终于找到了知音……

事实上,火星上有"运河"的说法始终没有得到大多数科学家的承认,甚至有没有这些线条都使人怀疑;尽管有些天文学家做了很大的努力,但还是没有能够肯定地见到它们。

好多年过去了,人们始终没有得到一点关于火星上存在着智慧生物的证据,也没有任何一个天文学家敢于认定在火星上有高度进化了的生命形态。

会见"火星人"的希望看来是破灭了,但是并没有排除火星上存在低级生命的可能性。随着科学技术的发展,进一步的观测结果告诉我们,火星上有一层薄薄的大气,主要成分是二氧化碳;另外也有氧气和水分,尽管量很少。火星温度很低,但是并没有低到生命不能生存的程度。有人还在实验室里做了实验,表明某些苔藓类植物和微生物,能够在模拟火星温度和大气的环境中生活和成长。

当然,人类不会满足于简单的猜测,火星上有没有生命,必须通过更多的实验来验证。

到了 20 世纪 60 年代,空间科学技术的迅速发展为人类提供了探索火星的机会,使人们有可能发射宇宙飞船奔向太空,近距离考察火星,甚

● 火星上的日出

至直接降落到火星表面，以便得到火星上有无生命的答案。

1964 年，美国发射了"水手 4 号"飞船，在离火星表面大约 1 万千米的高空掠过，发回了 22 张照片，这是人类第一次近距离观察火星。观察表明，火星表面被陨

"水手 6 号"飞船

石撞击得坑坑洼洼，荒芜且原始，干燥且冰冷，跟我们的月球很相似，哪里有什么"运河"！

5 年以后，"水手 6 号""水手 7 号"两艘飞船接连出发，飞到距离火星表面 3 500 千米的轨道上侦察，除了拍摄了 200 多张照片，还进行了复杂的科学测量。飞船发回的照片，并没有给人们带来令人鼓舞的新消息，火星上的实际情况似乎比人们预想的还要糟：大气更稀薄，温度也更低，极冠不是冰冻结成的冰雪，而主要是干冰。

又过了 2 年，"水手 9 号"开始远征了。1971 年 11 月 13 日，它在离火星表面只有 1 280 千米的轨道上飞行，拍摄了 7 000 多张照片，进一步证实了以往多次考察的结论：火星上并没有江河湖海，而是像撒哈拉沙漠那样干燥、像南极洲那样寒冷。火星大气极其稀薄，主要成份是二氧化碳，还有极少量的氮、氩和一氧化碳等，气压只有地球大气压的 1/200。水在这样低的气压条件下不可能以液态存在，也不会下雨降雪。纵横交织的"运河"不过是大体上排列成行的间隔很近的火山口和黑斑。水蒸气的含量比预想的还少，即使丰富的地区也只有地球上大气里水蒸气含量的 1/1 000。这里有高峻的火山，有的比珠穆朗玛峰还要高几倍。火星表面一定时期出现的明暗变化，并不是植物荣枯的表现，而是连续几个月的大风刮起的尘暴引起的。

但是，"水手 9 号"也发现了一个令人惊异的事实：火星上虽然没有"运河"，却存在着很长很宽的干涸河床，最大的一条竟有 200 千米宽、1 500 千米长！这是什么原因呢？没有水怎么能有河床呢？这是不是说明：尽管现在的火星大气稀薄，缺氧缺水，暴露在紫外线、宇宙射线和

陨星轰击的威胁之下，但是在历史上，也许由于火星倾斜角度的变化，由于太阳输出能量的增加，也可能由于火星曾经非常活跃，火山活动强烈，把内部大量的水蒸气和二氧化碳喷射出来，它也曾有过一个具有正常气压和丰富水分的温暖时期呢？如果是这样，那么火星上就有可能、出现演化过生命，而生命一旦出现，它就会凭借自己顽强的适应力去与环境搏斗。也许火星早已从蓝天白云、江水奔流、气候宜人、生机勃勃的繁荣状态变为我们今天所见到的荒凉沉寂的世界了，但是生命之花是否还活在这个星球上呢？

●火星北极附近存在一处巨大的火山口

当然，"水手9号"并没有回答火星上是否有生命的问题。因为这不是它的任务，它的任务是寻找一个合适的、比较理想的和更有希望找到生命的地点，并为下一次探索火星生命之谜的飞船着陆做准备。

1975年8月20日和9月9日，"海盗1号"和"海盗2号"出发了。它们长途跋涉，历时近1年，分别于1976年7月20日和9月3日登上了火星，照相并进行了生物学实验。这两艘着陆的飞船实际上是两座小型精巧的"外太空生物学实验室"。

发回来的照片清晰极了：着陆地点是块低平的区域，有洪水流动的痕迹，坑穴很多，地下某个深度可能有永久冻土层。地面物质黏结力弱，颗粒小，散缀有各种大小的岩石。土壤颜色发红，可能是含氧化铁较多的缘故。没有看到苔藓一类的植物，也没有发现任何生命迹象。

海盗号的观测还证明：火星大气里含有水蒸气，火星的极冠是水冰和干冰，它是火星上的"大水库"。

最重要的是生物学试验。外太空生物实验室到达火星表面后，马上开始工作，采样机自动从地面采像土壤样品，接着分别送到不同的容器里，供 3 个实验使用。整个飞船事先是经过杀菌消毒的,试验过程非常严密,完全自动进行。试验结果用无线电发送回地面。

结果怎么样呢?开始的消息似乎令人振奋,但是进一步的分析却证明:火星土壤里并没有微生物,二氧化碳含量虽然很多,却没有找到有机分子，即使有,估计含量也不会超过一亿分之一。

结论似乎应该

● "勇气号"传回火星沙漠照片

得出了,但是争论并没有结束。有的科学家争辩说:火星大着呢! 两艘飞船着陆的地点算得了什么? 两个局部地块可能没有生命,但对于整个火星表面却不能就此得出同样的结论。何况"海盗号"只是挖了几次样品,数量有限,甚至在飞船着陆的地点,生物实验室的底下,也许就隐藏着的生命在活动呢!

随着火星带给人们的谜团越来越多,近年来,要登陆火星的呼声也随之而高涨。早在 1969 年阿波罗飞船的登月车在月球上穿行时,美国宇航局就已经在研究向火星飞行的方案了。但是,几十年过去了,至今还没有一个响亮的声音说:"我们将飞向火星。"

火星有两颗卫星

1877 年,美国华盛顿海军天文台台长阿萨夫·霍尔发现了火星的两颗小卫星——火卫一福波斯和火卫二戴摩斯。

更为神奇的是,在荷马所著的古希腊史诗《伊利昂纪》第 15 卷中,就间接提到一个

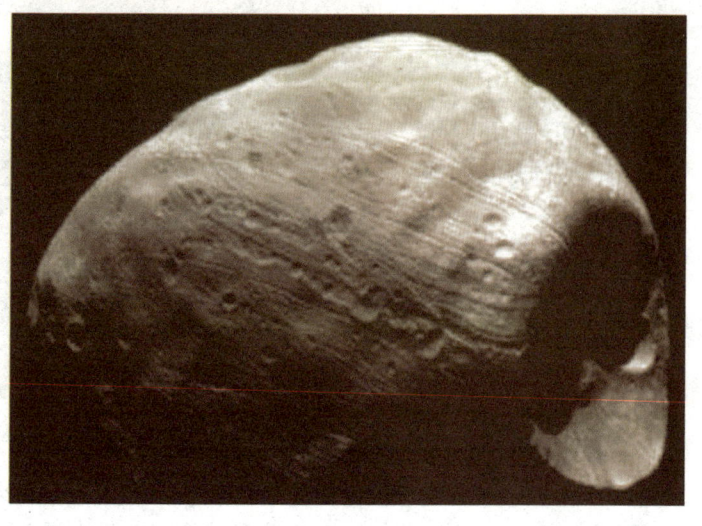

●火卫一

事实,即火星拥有两个伴星——福波斯和昂纪摩斯。人们不禁要问:这是不是古代关于火星传说一种象征性的描述呢?

大约在火星卫星发现 250 年之前,开普勒(1571-1630)就给伽利略留下了解开天文之谜的答案:"为火星的无产者——双胞胎兄弟唱赞美诗吧!""火星的双胞儿女向您致敬!"很显然,那时候开普勒就知道火星拥有两颗卫得。

西拉诺·德·伯格拉克(1619-1655)在他所著的一书中也曾提到火星这两颗卫星。巧合的是,伏尔泰(1694-1778)在他的《微小中的巨大》中也明确表示:"火星有两颗卫星,它们围绕比我们这个小不点的地球还小 5 倍的行星火星运行……福波斯和戴摩斯是归附于那个天体的两颗卫星,它们避开了我们所有天文学家的眼睛。"

1726 年,作家乔纳森·斯威夫特出版了一本名叫《格列佛游记》的书。此书轰动一时。在书中他描述了拉普他人居住的飞岛:飞岛由磁体支撑,它悬浮在空中,并由磁体推动,科学家在这个处于失重状态的"空间

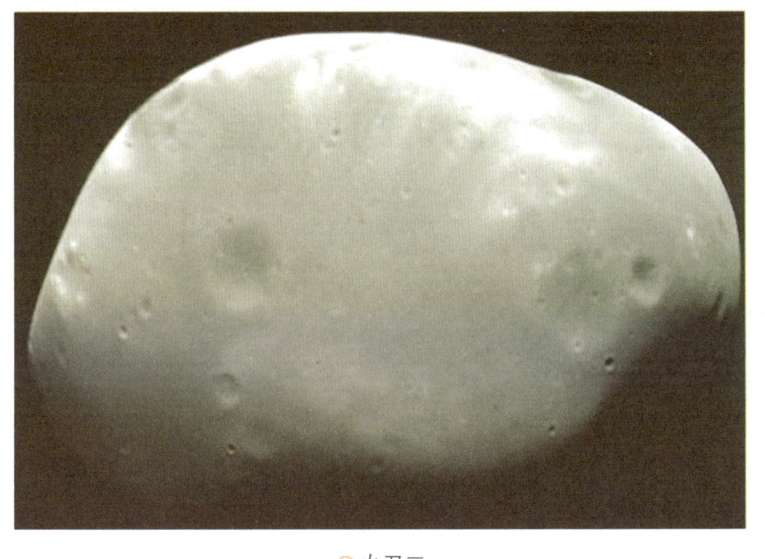

●火卫二

站"上高谈阔论着火星的那两颗卫星。斯威夫特称这两颗卫星是"更小的恒星或卫星",其中之一在距离火星约 3 倍于火星直径的轨道上运行,另一颗则以距火星约 5 倍于火星直径的轨道上环绕火星运行。

尽管外卫星火卫二戴摩斯的运行轨道与火星中心的实际距离小于 3 个火星直径,而内卫星火卫一福波斯的运行轨道与火星中心的实际距离也小于 1 个火星直径,即假说的距离与实际的距离有一定差距,但这里却有真实的一面,正像美国天文学家 I.M.Levitt 博士所指出的:"假说中的卫星参数与真实的卫星参数是如此之接近,这是人类推测领域中最令人吃惊的功绩。"更让人感兴趣的是,这两颗卫星和太阳系中的其他卫星相比显得非常小。同时,火卫一福波斯是太阳系中运行最快的一颗卫星,它只需 7 小时 39 分就可以环绕火星一周,这比火星绕自轴运转快很多,这种现象在太阳系中是独一无二的。

人们不禁会想到:古希腊人以一种未知的原始科学之舟,载送了关于火星这两颗卫星的传说。而正是这些有关火星及其伴星福波斯和戴摩斯的传奇色彩的描述,给科学真理掩上了朦胧的面纱。

在真正发现两颗火卫以前的 200 多年时间里,人们就一直津津乐道地谈论着福波斯、戴摩斯的故事,看来这个故事的确是够迷人的。

火星上的水到哪里去了

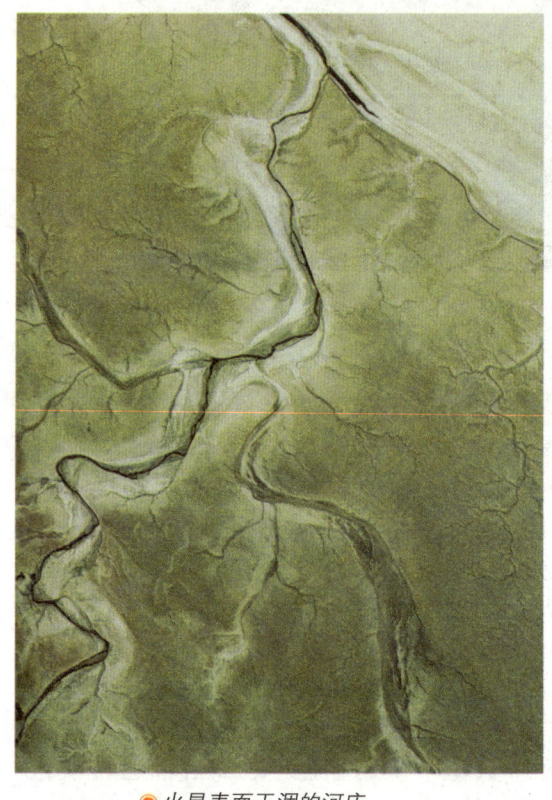

●火星表面干涸的河床

从 1964 年到 1977 年，美国对火星发射了"水手号"和"海盗号"两个系列的探测器。1971 年 11 月，"水手 9 号"对火星全部表面进行了高分辨率的照相，发现了火星上有宽阔且弯曲的河床。不过，这些河床与轰动一时的"运河"完全是两回事。这些干涸的河床，最长的约 1 500 千米，宽超过 60 千米。主要的大河床分布在赤道地区，大河床和它的支流系统结合，形成脉络分明的水道系统。支流几乎全部朝着下坡方向流去。科学家分析，只有像水那样的黏滞性小的流体才能造成这种河床。这是天然河床，绝不是"火星人"的运河。

那么，火星的河水到哪里去了呢？

今天的火星表面温度很低，大部分水作为地下冰存在于极冠之中。极稀薄的大气使冰在温度足够高时直接升华为水蒸气，自由流动的河水是无法存在的。

火星河床说明，过去的火星肯定与今日的火星大不相同。有一种假说认为，在火星历史的早期，频繁的火山活动喷出了大量气体，这些浓厚的原始大气曾经使火星表面温暖如春，造成了冰雪融化、河水滔滔的景

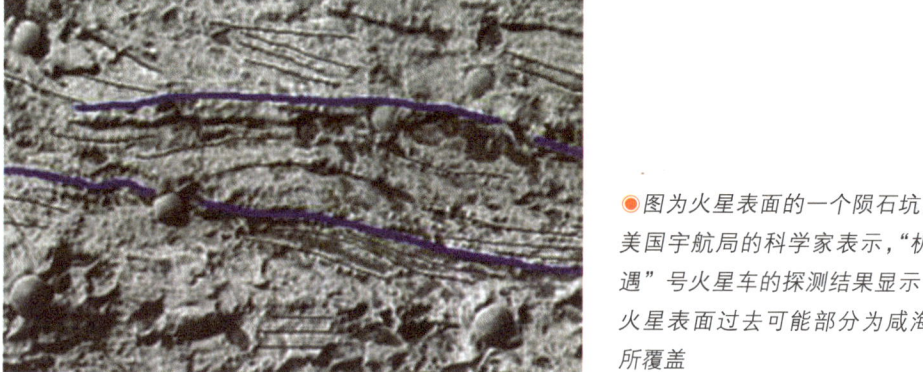

●图为火星表面的一个陨石坑。美国宇航局的科学家表示,"机遇"号火星车的探测结果显示,火星表面过去可能部分为咸海所覆盖

象。后来火山活动减少,火山气体逐渐分解, 火星大气变得稀薄、干燥、寒冷,从此,河水干涸,火星成为一个荒凉的世界。

另一种假说认为,在火星的历史早期,自转轴的倾斜度比现在大, 因而两极的极冠融化,大量二氧化碳进入大气,大量的水蒸发并凝成雨滴在赤道地区落下,形成河流。

当然,对于火星河流的形成还可以提出更多的猜想与假说。然而, 科学家最关心的问题是:河水跑到哪里去了? 有人提出,从巨大的江河到今日滴水皆无,这说明火星的气候发生了根本的变化。

●也许在很久以前,火星上也有着像地球一样的景致

91

探索土星

1973 年 4 月 6 日，美国"先驱者 11 号"宇宙飞船腾空而起，飞向遥远的苍穹，去探测太阳系中最大的两颗行星——木星和土星。经过 20 个月的长途跋涉，它于 1974 年 12 月飞近了木星。在给我们送回有关木星的大量信息之后，随即改变飞行方向，折向土星。这是人类访问土星的第一个使者。1979 年 9 月 1 日，"先驱者 11 号"飞临土星，实现了对土星的逼近探测。天文学家说，它所发回的大量照片和数据，使我们对土星的了解增加了一千倍。它

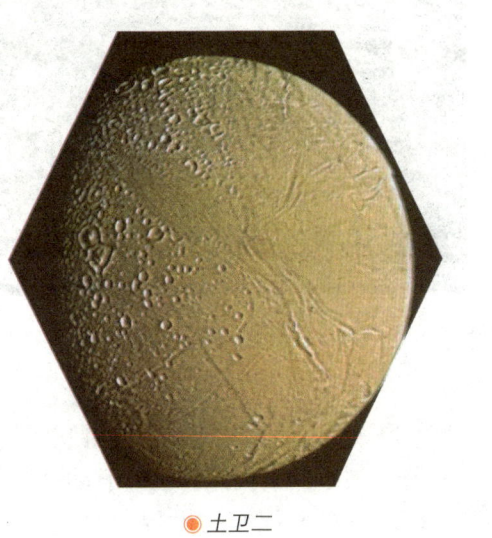

● 土卫二

发现了土星的两道新光环，发现了土星的新卫星和磁场……

为了进一步进行宇宙考察，继"先驱者 11 号"之后，美国又先后发射了"旅行者 2 号"（1977 年 8 月 20 日）和"旅行者 1 号"（1977 年 9 月 5 日）两艘飞船。"旅行者 1 号"出发时速度较快，只用了 1 年半的时间，便于 1979 年 3 月 5 日飞抵木星区域，完成了对木星的考察之后，它就直奔土星而去。由于轨道设计巧妙，它在飞向土星的一路上，还分别飞临土卫六、土卫三、土卫一、土卫二、土卫四和土卫五，并在 1980 年 11 月 13 日，在距土星 124 237 千米处掠过土星，再一次对土星进行了成功的科学探测，送回了一万多

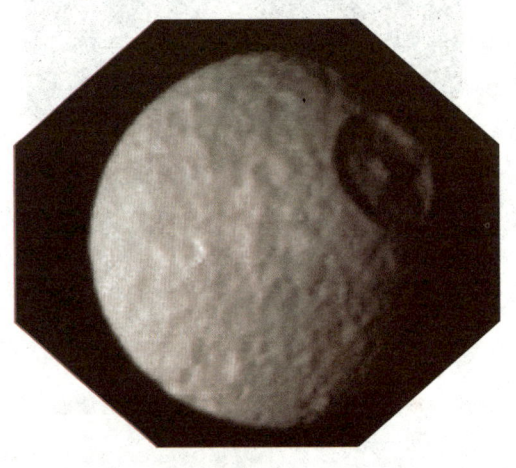

● 土卫一

张照片和各种数据。在这些新的信息中，又有了惊人的新发现，使我们不得不重新改写关于土星的教科书。有些科学家风趣地说，我们得到的关于土星的知识，比之前整个人类历史上所得到的还要多。

●土星环

凡是用望远镜观看过土星的人，无不为它那美丽的光环所吸引。淡黄色的像橘子似的星体，以及围绕着它发出柔和的、白色光辉的光环，使人不得不惊叹大自然的绚丽多姿。

这美丽而壮观的光环是由什么构成的？它们是固体的，还是由许多粒子组成的呢？

20世纪初，天文学家开勒尔解开了光环构造之谜。根据开勒尔的测量，土星光环内缘的速度比外缘的速度要大，说明光环不是固体，而是由许多冰冻的颗粒状小天体组成的。那么，它们是一个挨一个地、均匀地单层排列着，还是各种粒子互相重叠形成多层排列的呢？"旅行者1号"为我们提供了关于土星光环的新形象。它发现，在光环平面内有数百、数千条大小不等的同心环，环中有环，看起来就像是唱片上的纹路一样。大多数的环是光滑匀称的，但也有些是锯齿形的，有些呈辐射状，还有些像发辫那样互相扭结在一起，令人眼花缭乱。

"旅行者1号"的探测又一次证明，土星光环是由无数大小不等的粒子组成的，粒子直径在几微米到几米之间。这些粒子以很大的速度围绕着土星旋转，并且发出功率很强的无线电信号。

土星是太阳系中第二个大行星，距太阳平均距离约14.27亿千米，绕太阳公转一周用时大约29年半。土星体积巨大，赤道半径约为6万千米。它的体积是地球的700多倍，而质量却只是地球的95倍，因此它的密度很小，比水还轻。土星表面被浓密的氢气云所笼罩，从地球上用望远镜看去，土星表面有些明暗交替的条带。这是土星上的气流形成的。偶尔出现的白色斑点，可能是土星风暴。"旅行者1号"发回的照片向我们揭示土星表面特征极其丰富多彩，既有斑点、晕圈，又有盘旋着的金色丝带及旋涡状的棕黄色、黄色、橘红色、褐色的带状物，充分显现了土星表面

● 土卫六

气流翻滚、风暴迭起的剧烈活动情景。

最近，美国科学家通过分析宇宙飞船发回的资料确认，土星的自转周期约为10小时40分，比从前根据地面观测计算出的自转周期要长26分钟。此外，关于土星究竟有多少颗卫星，也有了新的结论。

值得一提的是，在土星的卫星家族中，土卫六格外受到天文学家的注意。1655年确认土星光环的荷兰天文学家克里斯帝安·惠更斯首先发现了土卫六。长期以来，土卫六一直被认为是卫星之王，是卫星中体积最大的，直径为5 800千米。跟太阳系中其他卫星不同，土卫六是唯一拥有大气的卫星。过去认为它的大气的主要成分是甲烷，地面测量它的温度也不是极低的，因此人们推测它可能存在生命。当"先驱者11号"飞近土卫六时，正赶上太阳上发生了一次激烈的爆发，干扰了无线电通信，使地球上未能收到探测的结果。"旅行者1号"却给我们发送回来许多出人意料的情报。首先，发现土卫六并不是太阳系中最大的卫星，它的直径只有4 828千米。因此，它不得不把"卫星之王"的桂冠让给木星的卫星——木卫三（直径5 150千米）而屈居第二位了。其次，"旅行者1号"发现，土卫六的大气的主要成分也不是甲烷，而是氮，约占98%，甲烷的含量只有1.4 %，还含有少量乙烷、乙烯、乙炔等气体。

土卫六的大气厚度约2 700千米，大气温度为-201摄氏度，在这样的低温下，大气中的氮可能呈液体状态，在卫星的表面上形成了液氮的湖泊。同时还发现土卫六云层顶端可能有产生生命前的氢氰酸分子，但这并不意味着土卫六上有生命存在。

躺着旋转的天王星

天王星与太阳平均距离约 28.8 亿千米，与地球平均距离 27.3 亿千米，太阳光线到达天王星也大约需要 2 小时 38 分钟。

威廉·赫歇尔发现天王星有点事出偶然。1781 年 3 月 13 日晚，他像往常一样用自制的望远镜巡视天空，在观察双子座的一部分天空时，他看到一颗不平常的星。它完全不像是一颗恒星，因为恒星在望远镜中只是一个光点，而这颗星呈淡绿色圆盘状。通过接连几个夜晚的观测，他发现那个天体似乎正在恒星背景上缓慢地移动着。赫歇尔以为他发现了一颗彗星，可不久他就发现，这颗星缺少彗星特征——模糊的边界，它看上去边缘总

●威廉·赫歇尔

是清晰的。而且它的运行路径是土星轨道外面的一条近于圆形的轨道，赫歇尔最后认定，他发现的是一颗新行星。

学术界遵循用希腊神话人物命名行星的传统，把新行星命名为"乌拉诺斯"，他是希腊神话主神宙斯的祖父，翻译成汉语就是"天王星"。

天王星的发现，轰动了世界，一下子把太阳系的疆界开拓了，打开了人类的视野，启发天文学家继续在广袤的星空中探索。

●天王星

　　天王星的发现也使赫歇尔一举成名。在此之前,他是位爱好天文学的音乐家,在发现天王星以后,他荣获了勋章,被选为英国皇家学会会员,从此走上了专业天文学家的道路。直到今天,天文界家依然对他极为尊敬,他在恒星天文学方面有杰出贡献,赢得了"恒星天文学之父"的美誉。

　　赫歇尔是自学成才的典型。他于 1738 年出生于德国,后移居英国,身为音乐家的赫歇尔却对数学产生了兴趣,继而又步入光学领域;对光学的兴趣又使他产生了用望远镜观察星星的愿望。1771 年,他成了一名天文爱好者,业余时间几乎全都用于磨制望远镜。他的惊世之作是 1789 年制作的一架口径 1.22 米、镜筒长达 12 米的巨型金属反射望远镜,当时堪称奇迹。在以后长达半个多世纪的时间里,无人能够超越。

　　赫歇尔用他自己磨制的望远镜不辞辛劳地研究天空,他最感兴趣的是恒星,他最大的成就也在恒星世界中。1785 年,他绘出了我们置身其中的这个恒星系统的外形——呈透镜状,就是今天我们所知的银河系的形状。他被后人认为是第一个真正发现了银河系的人。

　　赫歇尔还发现了太阳的运动。1783 年,他测定了太阳向武仙座方向运动。这自然使人们得出结论——太阳也不是宇宙的中心。

　　他于 1822 年去世,享年 84 岁,恰好等于他发现的天王星的公转周期。

　　在赫歇尔发现天王星后 6 年, 在一次试观测他自己新制的望远镜时, 又获得了一个 有 趣 的 发 现——天王星有两颗卫星。它们是天卫三、天卫四。今天,天王星的卫星数已增加到 29 颗了。另外, 土星的两颗卫星, 土卫一和土卫二也是赫歇尔发现的。

　　天王星有一个与众不同的性质, 就是它的运

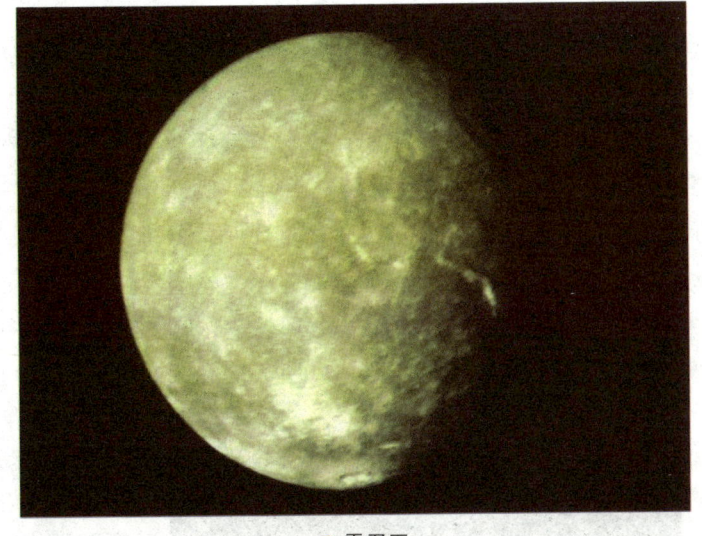

● 天卫三

行姿态十分奇特。

　　一般的行星，都是侧着身子绕日运动，它们的自转轴和公转轨道平面，全都近似垂直，有一点小的倾斜，地球为 23.5 度，火星为 24 度，木星为 3°，土星为 27 度，这正是季节变化的原因。可是，天王星的自转情况则与众不同，天王星的自转轴的倾斜度达到 88 度，它们的自转轴与公转轨道平面近乎平行——仅有 2 度的夹角。也就是说天王星是躺在它的公转轨道面内旋转的，就跟保龄球滚在球道上的情形差不多。这一事实意味着，天王星的季节也非常奇特。在天王星的"一年"中（相当于地球上 84 年），太阳轮流照射天王星的北极和南极。当太阳照到北极，北半球处于夏季，在北极地区，太阳看起来就像是悬挂在头顶的上方，而且总不下落。而南极则进入冬季，一直持续几十年。只有随着太阳渐渐照射到赤道上，天王星的世界，才有白天到黑夜的交替。即使在夏季，星球表温也很低，为−211 摄氏度。这样怪异的气候，无疑是这颗行星的大气层不均匀受热的结果。天王星也有光环。天王星曾在 1977 年 3 月 10 日，在一颗微弱的恒星前通过，这种现象叫作"掩食"，这对天文学家来说是非常难得的观测时机。

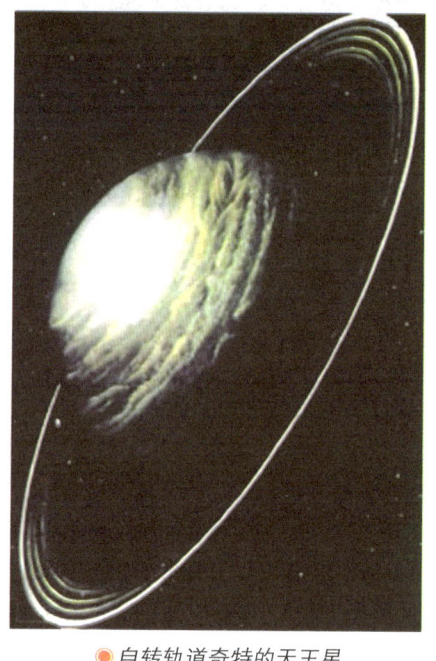

● 自转轨道奇特的天王星

因为，天文学家可以趁此机会测量行星的直径，只要测出那颗恒星的光亮被遮挡的时间，再根据已知天王星在它的轨道上运动的速度，就不难算出天王星的直径。中国和美国等五个国家天文台的天文学家在预报的时间耐心等待着可是，奇怪的是，在预定开始发生"掩食"前半小时，那颗暗星竟然连续五次从视野中短暂消失，先被"掩"了，接着才发生掩食现象。"掩食"结束后半小时，那颗暗星又连续五次被"掩"。这出乎意料的发现，使天文学家惊诧不已，这意味着一个重要事实：天王星被数个窄环包围。直到 1986 年"旅行者 2 号"飞越天王星时，才又发现新的天王星环。

　　天王星成为继土星之后的第二个带环行星，打破了土星长期独领风骚的局面是。但是，话说回来，天王星光环不能与土星美丽的光环相提并论的。

●天王星的光环

土星光环又亮又宽，天王星光环又暗又窄。天王星光环由黑黑的岩石块和小固体块组成，反照率只有 2％，是太阳系里最黑的物质，我们在地球上是看不到它的。天王星的每个光环都很细窄，在 10 千米到 100 千米之间，彼此间距离比较宽，结构也简单，窄环很难分辨出细节。

天王星是颗蓝绿色的星球。这是其大气中由氢和氦构成的甲烷云层吸收红光的缘故。天王星最大半径约为 2.5 万千米，比木星、土星小，比其他行星大。天王星的体积约为地球的 65 倍，质量约为地球的 14.5 倍，密度约为水的 1.3 倍。这些似乎都显示天王星不过是一颗中等地位的行星，给人的印象平平淡淡。

哈勃空间望远镜一张近红外波段的照片，改变了人们以前的看法。天王星不再平淡无奇，而是让人刮目相看。

哈勃空间望远镜 1990 年 4 月发射成功，主镜的直径为 2.4 米，它在几百千米的高空进行观测，受大气干扰很少，它能观测到很暗的星，比地面上最好的望远镜更胜一筹，发回的照片质量较高。

哈勃空间望远镜 1997 年 7 月 28 日拍摄一张仿彩色照片，不同的颜色表示不同的温度，即代表不同的云层，显出以前从未见过的大气结构。很明显，在天王星右边缘处有几个橙红色的亮斑，在中部还可以看见有一个绿色的斑，这些大气中的云团，成为天王星上最显著的特征，每个云团的直径都有几千千米，几乎都有欧洲大小。天王星照片中蓝色代表大气最深也最明亮的一层。绿色代表大气中间的一层，这层对甲烷的吸收作用明显。红色表示处于高层的大气，对氢的吸收作用明显。大气云团都随天王星自转而转动。

天王星环在近红外波段也明亮动人。我们看到照

●哈勃空间望远镜

片最明亮的环是 ε 环, ε 环在上部的部分最宽而且最亮, 宽度也不均匀。ε 环内还有两个较暗弱的环, 也能看见。

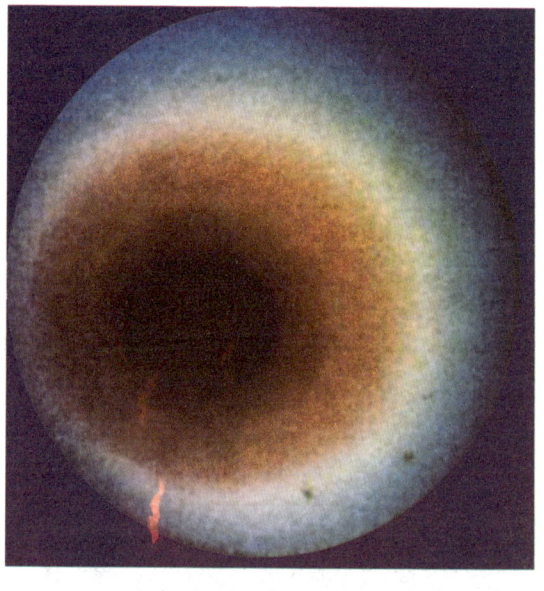

● 天王星的卫星

天王星的几颗卫星也在照片中, 这是"旅行者 2 号"在 1986 年发现的 10 颗卫星中的最靠近天王星的 2 颗。以前人们在地面上还发现了 5 颗卫星, 距离天王星都比较远, 也比较大, 直径从天卫三的 1 610 千米（几乎是月球的一半）, 到天卫五的 484 千米不等, 现今共发现了天王星的 29 颗卫星。

天王星的卫星, 在太阳系里也异乎寻常。在大卫星上, 有众多的陨星撞击坑——环形山, 还有大量剧烈复杂的地壳构造痕迹, 如断层。卫星的密度从天卫五的每立方米 1.26 克, 到天卫一的每立方米 1.65 克不等, 只比天王星稍大。对天王星的卫星密度的测定结果否定了以前的一种理论, 即天王星的倾斜是由一颗极大的天体与天王星相撞而造成的, 撞击抛出的碎片逐渐形成了卫星。如果的确是这样的话, 卫星的密度该比实际所测的密度大得多。

美国"旅行者 2 号"在 1986 年首次飞临天王星, 它收获也很丰富: 第一, 天王星也有强大磁场, 与土星、木星、地球一样, 磁场扭曲歪斜, 磁场强度只有地球的 1 %。第二, 天王星表面有许多类似月球环形山的巨大环形山, 它的大卫星上也有明显的断层区和山谷, 这说明, 天王星曾遭陨星强烈袭击。第三, 天王星有电晕辉光现象——土星也有过, 天王星也发现有电晕辉光现象, 不过电晕辉光的特征与地球极光大不相同。第四, 天王星有强烈辐射带——比土星强烈得多。

对天王星的探索还远远没有结束。我们期待对天王星的研究能帮助我们更好地了解太阳系的秘密。

探索冥王星

　　当人们发现天王星之后,总是对它的运行轨道感到困惑不解。运用万有引力定律推算出:天王星外面一定还有另外一颗行星,正是它的吸引,使得天王星的运行轨道发生偏离。人们据此找到一颗新的行星——海王星。海王星找到了,可是天文学家发现,他们仍旧不能把天王星的运行轨道解释得十分清楚,即使考虑到海王星的吸引作用,天王星的轨道仍与人们的推算存在偏差。看来,除海王星外,还存在另外一颗行星对天王星产生吸引作用,使它沿着一条奇特的轨道围绕太阳转动。天文学家,终于在1930年找到了这颗矮行星,并给这颗矮行星起了一个很特别的名字——冥王星。

● 冥王星

　　冥王星是太阳系矮行星中的一颗,它的体积不大,内部结构更像我们的地球,而不像与它相邻的天王星、海王星那样充满气体。

　　冥王星的直径约为2 400千米,比地球小一半,太阳的距离约为59亿千米,绕太阳一周约需248年。光从太阳到冥王星要5.47个小时之多。这颗矮行星,被黑暗和寒冷包围着,表面温度为−229摄氏度。

探测海王星

在海王星被发现以来的一百多年中，天文学家尽管采用了高倍率望远镜，但仍对它了解甚少。1989 年 8 月，宇宙飞船"旅行者 2 号"从距离海王星云端 4 800 千米的地方飞过，使这种状况得到彻底改变。通过"旅行者 2 号"从 44.8 亿千米的远方发回的照片，海王星终于显示出它的英姿。从此，人们才了解到，海王星并不是太阳系里的一个"平静"天体，而是风暴活动频繁发生的星球。它有 3 个光环 4 颗卫星。

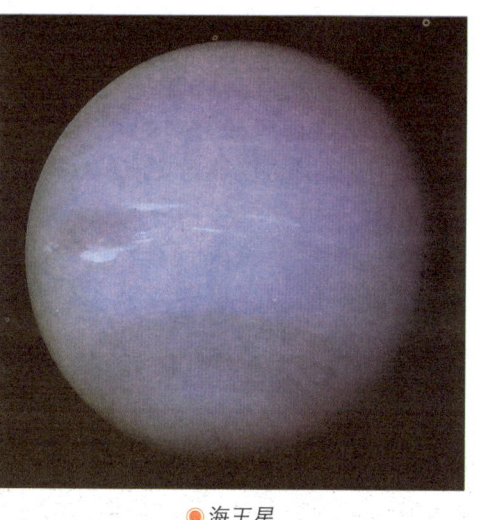
◉海王星

实际上，很早以前两位数学家用纸和铅笔就"发现"了海王星。根据天王星的奇异轨道，英国人亚当斯和法国人勒维耶各自预测存在着一个新行星。他们计算出，在更远的地方有一个大的重力源作用于天王星，使它的速度时快时慢，就像被钓上来的鱼在渔线上蹦跳一样。但是两个人谁也无法说服天文学家去寻找这个新行星。

最后，1846 年，勒维耶把他的图纸寄给了一位名叫伽勒的年轻的德国天文学家。就在那一天晚上，伽勒在夜空中观测到了

◉法国人勒维耶

这个蓝色的行星。

1989 年 8 月，"旅行者 2 号"从海王星旁边飞过。此前的几个月，"旅行者 2 号"的照相机就已经拍摄到海王星的详细情况，这些情况从地球上是看不到的。有一巨大鹅卵形风暴，直径大约 1.28 万千米，看上去像是蓝色海王星向外注视着的一只大眼睛。科学家称之为"大黑斑"。与这个风暴相比，直径 640 千米的"雨果"号飓风只是一个斑点而已。

这种风暴并非海王星独有。"旅行者 2 号"发现，木星和土星上的风暴更大而且更为强烈。这种风暴天气使科学家感到兴奋，他们了解到，这些行星在气象方面是活跃的。

但是，这种风暴究竟是由什么推动的仍是一个谜。地球上的风暴是由从太阳吸收的热能推动的。可是海王星离太阳如此遥远，太阳的热能根本不可能推动这种风暴。一种可能性是，这种热能来自海王星石核内的强高压和强高温。

事实究竟是怎样的？这个严肃的问题看来只能留待以后回答。

值得科学家欣慰和研究的是，"旅行者 2 号"共发现了 6 颗新的海王星的卫星，使海王星的卫星总数增加到 8 颗。海卫一是海王星最大的一颗卫星，也是"旅行者 2 号"照相机拍摄的主要目标。科学家急切地等待着关于这颗卫星的清晰图像。

科学家看到的情况概括地说就是，海卫一曾经是一颗行星。这种说法的主要证据是，海卫一是唯一一颗沿着与其母行星运行方向相反的轨道运行的大卫星。在整个太阳系里没有一颗大卫星这样逆行。

海卫一在其赤道附近显示一个古怪的被冰覆盖着的蓝色地带，这个地带是由冰冻的甲烷气体构成的。这使海卫

●海卫一

一成为太阳系中唯一一颗真正的"蓝色卫星"。在海卫一的其他地方，液态氮的泡沫冒出地面并冻结成闪闪发光的粉红色的霜。美国亚利桑那大学的天体物理学家罗杰·耶尔说，海卫一的温度约为−240摄氏度，是"我们见到的太阳系中最冷的天体"。

海卫一的另一个特点就是它有大气。

据吉姆·多伊尔讲，太阳系中另外还有一颗卫星有自己的大气，即绕土星运行的土卫二。海卫一的大气很薄，是由氮和甲烷气体组成的。

海卫一上陨石坑很少，表明海卫一地质活跃。由冰覆盖的地表融解后又重新冻结，把一些最大最老的陨石坑掩盖了。

"旅行者2号"发回的照片显示海卫一上有活的"冰火山"。这些冰火山不像地球上的火山那样喷出炽热的岩浆，而是喷出液态氮。当液态氮到达极其寒冷的表面时，立即被冻结成高达8千米的冰晶射流。这股射流遇到海卫一大气的微风后，便形成风吹的条纹，落回海卫一的表面。

猜测是否正确，最终还要依赖人类科学的发展才能定论。

● 发现海王星环

● 重型飞船向海王星和海卫一投放探测器模拟图

彗星的传说

● 夜空中美丽的彗星

自古以来，偶尔现身的彗星就被抹上了神秘与恐怖的色彩。我国民间叫它"扫帚星"，认为它会给地球带来灾难。当著名的哈雷彗星在1066年出现时，正是法国诺曼底公爵威廉率兵准备入侵英国的时候，后来他们一举获胜，建立了诺曼底王朝。威廉公爵夫人为了纪念这次胜利，将当时的情景编织在一幅挂毯上，图中一部分是一群诺曼人指着彗星露出胜利微笑，另一部分则是英国的哈罗德王坐在王位上望着头上的彗星，惊恐万状。

但是，埃德蒙·哈雷却不相信这些迷信传说。他曾担任过格林尼治天文台台长。1682年，他26岁的时候，亲眼见到了那颗后来以他名字命名的彗星。他利用牛顿的彗星轨道计算方法，分析了1337年至1698年以来有观测记录的24颗彗星轨道，发现其中1531年、1607年和1682年的三颗彗星在出现方法、运行轨道和时间间隔上有着惊人的相似之处，遂在1705年断定这几颗彗星是同一颗彗星的反复出现，并预言，这一彗星将在1758年再度出现在空中，并且每隔76年将出现一次。后来，哈雷的预言得以证实，果然该彗星在1758年的圣诞之夜再次回归，遗憾的是哈雷已于16年前与世长辞，无缘与它会面了。为纪念哈雷的功绩，这颗彗星被正式命名为"哈雷彗星"，这也是人类第一次预报归期的彗星。

●埃德蒙·哈雷

20 世纪哈雷彗星有两次回归,第一次是 1910 年 5 月,地球在哈雷彗星庞大的尾巴中逗留了好几个小时,哈雷彗星的亮度如同火星,让人大饱眼福。第二次 1985 年至 1986 年,远不如上次壮观,1986 年三四月份, 人们才在南半球上空一睹其尊容。

这两次回归,使哈雷彗星风靡全球,家喻户晓。中国著名天文学家张钰哲说:"哈雷彗星 1910 年回归时,我是 8 岁学童。彗星横扫天际的奇景,深深打动了我。这个最初的印象对于我以后转学天文并从事小行星的观测研究起了作用。"

对于最关注彗星回归的天文学界来说,彗星再度回归又是怎样一幅情景呢?

●彗星的轨道

彗星真是"晦气"之星吗

1986年3月，哈雷彗星在距地球1亿千米的高空掠过，人类发射了一批太空船前往探测。太空探测器"乔托"飞近彗核，受到严重冲击，近半数仪器因而损坏，但这项人类首次近距离观察彗星的尝试却十分成功。

哈雷彗星通常在太阳系的边远区域运行，循椭圆形轨道公转一周要75年，是个暗冷的星体，从地球上无法见到。偶然接近内行星时，太阳的热力会迫使它放出一团宽数千千米的气体和微尘，阳光与太阳风的压力又会驱使气体与微尘形成千百万千米长的巨大彗尾。

● "乔托号"探测器

观察哈雷彗星前，天文学家不大清楚彗星是怎样的星体，只知道是由行星及其卫星形成后所剩的物质构成的，成分不详。各种说法中，美国天文学家惠普尔的"脏雪球"假说最流行，惠普尔认为彗头中被气体与微尘包围的彗核，是由密实的冰、尘埃与岩石构成的。

最早观测哈雷彗星的是日本太空探测器"先驱号"与"彗星号"，还有苏联的"织女星一号"与"织女星二号"。这些探测器发回不少哈雷彗星运动的资料，曾经用来制定"乔托号"飞近彗星探测的路线。"织女星一号"与"织女星二号"在彗星5千千米外驶过，第一次拍摄到彗核。彗核呈马铃薯形，长9千米，宽5千米，每53小时自转一围。

哈雷彗星朝向太阳的一面，冰被太阳热力转化为蒸气，表面升起的微尘与光亮的喷射气体混合。幸好"乔托号"和哈雷彗星相遇时，这种剧烈运动已经停止了，否则会遇到更猛烈的尘暴。

"乔托号"由一家英国公司制造，用法国的艾里安火箭发射升空，携带的实验设备由英、法、德三国科学家设计，以每秒40千米的速度掠过彗核。它装有巨型双层挡尘罩，兼有探测灰尘的用途，记录微小尘粒对探测器的撞击。

1986年3月13日，"乔托号"飞近彗核拍照。就在驶近彗星的前12秒钟，受到微尘撞击，摇摆不定，那对准地球，如铅笔粗细的无线电波束剧烈摇晃。在最紧张的30分钟，探测器在距彗核仅400千米处擦过，那时联邦德国达姆施塔特控制中心人员都以为"乔托号"已经毁灭了，幸而其自动稳定设备又将无线电波束对准地球，恢复了传送资料的效能。

"乔托号"上的14部仪器，有6部被撞至失灵，包括摄影机在内。其余的设备全部操作正常，继续向地球送回大量资料，足供科学家忙碌多年。

一些有关彗星的疑问已获解决，惠普尔"脏雪球"的假说得到印证，彗星的冰冻部分确由水掺杂着冷凝的气体构成。最特别的是，彗核表面覆盖一层含碳的乌黑物质，仅厚半英寸，却使彗核成为太阳系中最昏暗的物体之一。由于这类物质能产生和维持有生命的物质，科学家猜想彗星上也许有细菌生存，并且可能向地球传播疾病。

探测彗星的太空探测器使命未完。"织女星一号"和"织女星二号"继续航行，准备对小行星阿多尼斯做近距离观测。"乔托号"环绕太阳运行6年后，于1992年飞往一颗名叫葛利格斯凯勒罗普的彗星，借此研究哈雷彗星的情况是独一无二的，还是与太阳周围的万千彗星完全一样的。

●哈勃捕捉到的彗星气流图像

是彗星把感冒传给了地球吗

"很多人年复一年感染的流行性感冒，很可能不是受人传染的，而是从彗星得的病。连致命的疾病，如中世纪蹂躏欧洲的黑死病，也可能来源于彗星。每逢彗星出现，地球就会发生瘟疫。"

上述观点是英国两位杰出的天文学家霍伊尔爵士和维克拉玛辛格教授提出的，引起了不少争论。他们声称，星际空间中充满微生物尘埃。彗星在太阳系诞生时，由星际微生物尘埃、冰和冻结气体混合而成。彗星进入太阳系，有些尘埃落入地球的大气层，在这个适宜生长的环境中繁殖起来。

霍伊尔和维克拉玛辛格列举从太空传来疾病的例子，甚至指出与哪颗彗星有关。例如，哈雷彗星环绕太阳一周需时 75 年至 78 年；1957 年，亚洲流感蔓延全球，在此之前 77 年曾蔓延过一次。他们认为此病突然流行是这颗彗星带来一团团尘埃所致。

世界卫生组织宣布天花已被彻底扑灭，但是这种传染病过去似乎每隔几百年就流行一次，霍伊尔和维克拉马辛格因而认为天花还会再度出现，由一颗目前尚未发现、每隔数百年接近地球一次的彗星传给人类。

两位天文学家声称，虽然从太空来的微生物可能为地球生物带来浩劫，但是地球上出现生物和生物不断进化，也跟这些微生物有莫大关系。

依照目前普遍接受的说法，由于太初海洋那片"原始稠汤"中的元素相互起反

● 霍伊尔爵士

●美国发射深度撞击号彗星探测器,爱好者在观看

应,地球上出现了构成生命所必需的复杂分子,这些分子渐渐进化为病毒似的原始生物。霍伊尔和维克拉玛辛兴格不相信生物可以单靠偶然机会产生,认为生物一定来自地球之外。

两人为了验证其推论,着手研究英国寄宿学校突然蔓延的流行性感冒的情况,发现流行性感冒并非如一般人预料的那样,从一栋宿舍蔓延到另一栋,而是在个别宿舍偶然发生,按道理应是飘浮于大气中的微生物引起的。1948年,流行性感冒在意大利撒丁岛蔓延,情况正是这样。他们说,病毒一旦侵入地球,就会使寄主体内的遗传物质发生永久变化,并且遗传给后代子孙,由此产生进化现象。

其他天文学家不同意这种说法,声称从星际尘埃的影响来看,星际尘埃并非微生物;流行病看来也并非由每年的流星雨(彗星散发的尘埃形成)引起。自然,他们并不赞同霍氏和维氏的观点,不相信流星雨会带来疾病。

有一段时间,这两位天文学家似乎在孤军作战。后来,太空探测器于1986年飞近哈雷彗星,才发现这颗彗星放出的尘埃含有碳、氢两种元素,都是生物不可或缺的。此外还发现了一些分子碎片,似是由生物制造出来的。

人类若能在近距离观察彗星,或许可以找得到证据,证实霍伊尔和维克拉玛辛格的说法。

神秘的哈雷彗星蛋

● 哈雷彗星蛋

哈雷彗星每次靠近地球时,地球上就出现神奇的彗星蛋,令人百思不解。

1682年,在哈雷彗星对地球进行周期性的"访问"时,德国的马尔堡,有只母鸡生下一个异乎寻常的蛋——蛋壳上布满星辰花纹。1758年,英国霍伊克附近乡村的一只母鸡生下一个蛋壳上清晰地绘有彗星图案的蛋。1834年,哈雷彗星再次出现,希腊科扎尼一个名叫齐西斯·卡拉齐斯的人家里,有只母鸡生下一个蛋,壳上有彗星图。他把它献给国家,得到了一笔不小的奖励。1910年5月17日,当哈雷彗星重新装饰天空时,法国人诧异地获悉,一名叫阿伊德·布莉亚尔的妇女养的母鸡也生下一个蛋壳上绘有彗星图案的怪蛋,图案犹如雕刻,任何擦拭都改变不了。为了得到1986年的彗星蛋,早在1950年,苏联科学家便在国内联系了数以万计的农户;法国、美国、意大利、瑞典、波兰、匈牙利、西班牙等二十多个国家也建立了类似的调查网络。现在,调查结果已揭晓:1986年,意大利博尔戈的一户居民家的母鸡生下一个彗星蛋,母鸡的主人意大利人伊塔洛·托洛埃因此暴富。为什么天空出现哈雷彗星时,地球上就出现蛋壳上绘有哈雷彗星图案的鸡蛋呢?

这个谜尚待解开。作为研究彗星的资料,被认为与免疫系统的效应原则有关,或许还与生物进化有关。

冶炼小行星

地球上的资源越来越少。科学家经过探测，发现人类所需的矿物质都可以从太阳系的小行星中找到，如铁、镍、锌、铜等，其中有一些的储量还相当丰富。那么，怎样才能将它们采集到手为我们所用呢？

美国的科学家提出一个名为"开发小行星"的设想，准备把这些小行星先弄到距地球比较近的轨道上，然后把它拉进附近的太空工厂里，冶炼成材料，再送到地球。怎么把小行星从天上摘下来呢？科学家设想：当小行星沿自己的轨道飞到离地球最近处时，派宇宙飞船抓住它，拖入接近地球的轨道，用核弹头把它炸毁。接着，将炸碎的矿石拉入太空工厂，就地冶炼。对于那些具备人类尚能适应的自然环境的小行星，可以采取另一种方法。用宇宙飞船将人和设备送上去，直接在那里开采矿石，并设厂冶炼，这样就用不着为冶炼后的矿渣寻找垃圾场了。

最后的难题是如何把冶炼好的材料运回地球。科学家设想：把金属铸成很大的块状，同时向它的中间注入气体，让这些大的金属块变得足够轻，再通过地面控制装置，让它们落到指定的海面上。

宇宙中蕴藏着无穷无尽的宝藏可以为我们所用，到那时人类就不会再为资源短缺而烦恼了。但在没有实现以前，可千万要注意保护我们的现有资源。

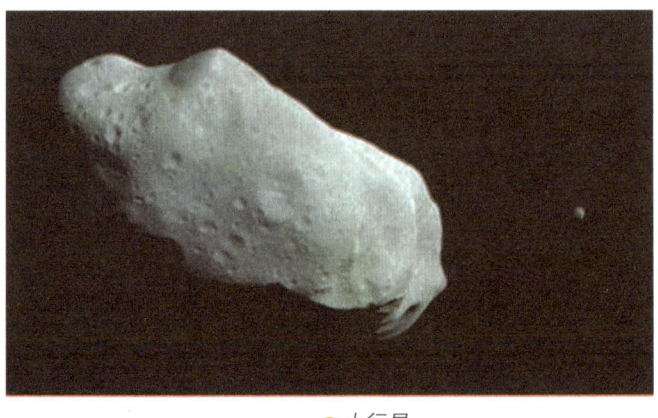

● 小行星

失踪的星星

1672 年 1 月 25 日早晨，杰出的天文学家卡西尼首次看到金星附近有一个小天体。在此之前卡西尼还发现了木星的大红斑。他仔细观察了 10 分钟后，并不打算立即宣布发现了一颗金星卫星，以免引起轰动。

●星星

1686 年 8 月 18 日早晨 4 点 15 分，卡西尼又看到了这个小天体：这颗卫星很大，足有金星体积的 1/4 那么大，这颗卫星的相位与其母行星金星的相位相同。卡西尼对这一天体研究了 15 分钟，并做了完整的记录。观察到金星卫星的并非仅卡西尼一人。

1740 年 10 月 23 日，英国人吉姆·肖特也在金星附近发现了一个天体，他用望远镜观察了 1 个小时之久，他说这一天体有 1/3 个金星那么大。

1759 年 5 月 20 日，德国人安德里·迈耶尔在近金星处同样观察到一个天体，他观察了 30 分钟。

再看一下杰奎斯·蒙泰格尼。他是法国利摩日社团的成员，他曾发现过一颗彗星。他对观察到金星卫星的说法一直持怀疑态度，但使他不得不信服的是，1761 年 3 月 3 日、4 日、7 日、11 日，他也看到了这颗卫星。

1761 年 2 月 10 日、11 日和 12 日，法国马赛市的约瑟夫·路易斯·拉

格朗格声称他曾几次看到了这颗金星卫星。此人后来成了德国柏林科学院理事,他的结论颇具权威性。

同样地,1761 年 3 月 15 日、28 日和 29 日,法国人蒙特巴隆通过他的望远镜也发现了这个金星的"幼仔"。同年的 6—8 月,美国人罗德科伊尔对这一天体也曾观察了 8 次。这些科学家的辛勤劳动最后得到了官方的承认,普鲁士国王弗里德里希二世提议,将金星卫星命名为 D′阿里姆博特以纪念这位法国学者。后来在 1768 年 1 月 3 日,克里斯坦·霍利鲍又仔细研究了这颗金星卫星,继而发生了非常神秘离奇的事——金星卫星,这个"爱神之子"失踪了!

可是在 1886 年,这颗金星卫星又出现了。天文学家胡索曾 7 次看到了这个小不点儿——"阿佛洛狄忒之子"(阿佛洛狄忒是希腊神话中爱与美的女神,相当于罗马神话中的维纳斯),他把这颗金星卫星命名为尼斯(Neith),以示敬意。

1892 年 8 月 13 日,美国天文学家爱德华·埃默森·伯纳德在金星附近看到一个七等星的天体。过去他压根儿就不相信金星卫星的故事,这回眼见为实了。他的报告之所以有很高的可靠性,是因为伯纳德教授曾发现了木星的第五颗卫星。然而正当木卫五围绕其母行星欢乐地运行时,"爱神之子"却又悄然走失了。

一百多年来,天文学家一直在寻找这颗金星的卫星,却毫无进展。尽管许多天文学家都曾看到过它,但迄今为止"爱神之子"仍然是个悬而未决的谜。

现在让我们瞧一下天文领域中一件最大的逸事吧。1859 年 3 月 26 日,法国奥格里斯一个名叫莱斯卡鲍特的博士观察到在太阳圆面上有一个运动的天体,他对此观察了 1 小时 15 分钟。巴黎观测台总监莱维里尔为了核实莱斯卡鲍特的观测内容,登门拜访了这位博士。莱斯卡鲍特博士本人对这一观测十分怀疑,并没有多大热心,但莱维里尔却兴奋不已,他对二人的会谈结果十分满意,并下了结论:一个水内行星已被莱斯卡鲍特发现! 莱维

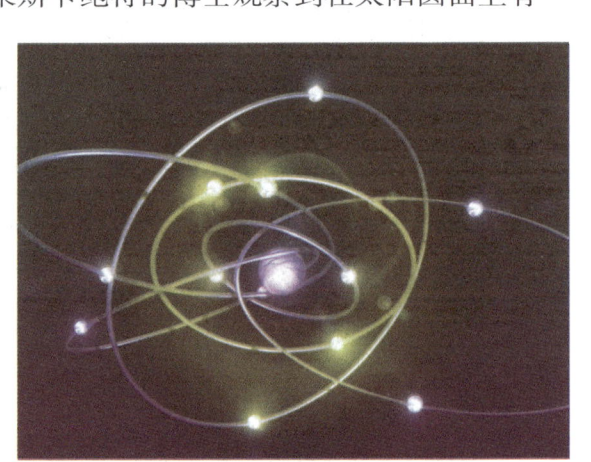

● 星星同样也遵循着物竞天择的规律

113

里尔还计算出其质量为水星质量的 1/17,其运行周期是 19 天,并将其命名为火神星。

1860 年莱斯卡鲍特博士把他的这一发现提交给巴黎科学院。很快,拿破仑三世就授予他令人垂涎的军团荣誉勋章。正当法国人为他们的伟大发现洋洋得意之时,这颗火神星突然在望远镜中拒绝"登台亮相"! 就像金星卫星一样,意想不到地悄然失踪了。

然而更有趣的是,1878 年美国密歇根大学教授吉姆·瓦特森宣称他看到了两颗火神星而非仅仅一颗! 一个名叫莱维斯·斯威夫特的业余天文爱好者在美国科罗拉多州最高的地方也观测到了火神星。斯威夫特绝非等闲之辈,他不是一个普通的观星者,他的星云学说早就得到了天文学界的认可。

如果评论家要说所有这些科学家都在凭幻觉下结论,那么就太离谱也太不近人情啦! 因为毫无疑问,所有这些观察都是有目共睹、切切实实的。不过话又说回来,我们现在还不知道 1859 年穿越太阳圆面的那个天体到底是什么。它是不是一个小行星,或是不是一个来自另一个世界的巨大的空间站呢? 是不是金星卫星也是一个周游到我们星系中的巨大的太空城堡呢?

●美国科罗拉多州

月球的来历之谜

自古以来,人们一直在探究地球的伙伴——月球的来历,科学家也在努力探索月球是如何形成的,又是如何变成地球的卫星的。这个问题至今仍是个谜。

"阿波罗11号"飞船带回的月面土壤标本,经检测,被认定其历史已长达46亿年,与太阳系的年龄大致相当。

以前,曾流行三种月球起源假说。

第一种假说是"同源说"。它认为,月球和地球都是大约46亿年以前,由同一块尘埃云——

●尼克松总统接见了返回地球后还在进行隔离检疫的"阿波罗11号"飞船宇航员。

太阳星云形成的。由于凝聚作用,形成原始地球,它周围的气体团块状物质形成月球,由于引力和离心力的作用,形成各自的运行轨道。

第二种假说是"分裂说"。认为月球和地球曾是同一个星球,当熔融状态的地球自转速度很快时,一部分物质被抛了出去,独立成为月球。

第三种假说是"俘获说"。月球是在遥远宇宙形成的天体。后来因为飞到地球附近而被地球引力俘获。

科学家多数认同第一种假说,但阿波罗计划实现之后,三种假说都有致命的缺点。从天体力学角度来看,"俘获说"站不住脚;从月球上发现了六种地球上没有的矿物来看,"分裂说"就不能自圆其说;甚至还否定了"同源说",因为月球历史甚至有可能比地球还长。科学家对月球的卫星资格也提出许多疑问。简而言之,月球作为地球的卫星很不正常。

月球个头太大了。月球直径是地球的1/3多一点,这么巨大的直径

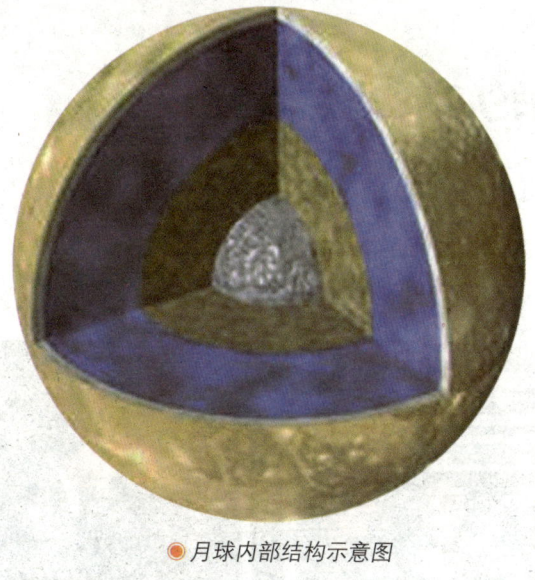

● 月球内部结构示意图

比值在我们所见到的宇宙中还是绝无仅有的。如果只比较大小，木星卫星比月球大，但与太阳系中最大的木星相比，最大的木卫三直径只有木星的 1/27。

月球离地球太远了。从力学角度来讲，月球不应当在地球周围沿一条圆形轨道运行，而且也不应当始终"待"在那里，如果地球与太阳相比，太阳的影响应该比地球大得多，它应当被太阳吸引过去才是。我们如果要承认它是地球"俘获"的，那月球的个头显然大了些，离地球又过于遥远了。专家认为，月球要接近地球又不至于与地球迎头撞上，还要在目前轨道上运行，实际上是不可能的。

从地球望过去，太阳与月球大小几乎完全相同，当发生日食时，月球和太阳准确无误地重合，真是令人惊异的巧合。

所以，有科学家提出：对于月球是否是地球的卫星不能下断论，对于月球是否是太阳系的天体也要打个问号。

此后，关于月球来历的假说越来越多，月球的起源也更扑朔迷离。有人认为月球曾是太阳系的行星，被地球俘获并成为地球的卫星。有人认为，原始地球形成以后，与相邻的原始行星相撞，不少物质被撞散开，一些物质形成了围绕地球的气体尘埃云，并进而凝聚成月球。

有两位苏联的科学家甚至大胆假说，认为月球是外表经过改装后内里中空的外星人宇宙飞船，如此，才能圆满解答月球留给我们的各种异常现象。不过这种太离奇的说法自然不会得到多数人的认可。

各种假说，莫衷一是。尽管在一个半世纪的光阴中，许多卓越的科学家对月球的起源和历史进行了详尽的研究，但它依然是一个谜团。

解 读 月 球

　　月球是地球的"亲密伙伴"，也是人们最早开始进行观测的星体。

　　月球的公转轨道面和地球公转轨道面有个交角，这就使月亮自转轴的南端和北端，每月轮流地朝向地球。在地球上，有时能看到月亮的南极和北极以外的部分。实际上，地球上看到的月球表面不只是半个球面，而是月球表面的 59 %。还有其余 41 %的月球表面，由于始终背着地球，人们没法瞧见，千百年来，一直是个猜不透的谜。

　　有人说，月球的背面，重力可能要比正面大一些，也许有空气和水的存在。有人预言说，那里有一片环形山，既广阔，又明亮。也有人说，地球北半球大陆多，南半球海洋多，月球上可能也是这样：月球正面的中央部分是高地，月球背面的中央部分是一片"大海"——暗色的平原。

　　1959 年 1 月 2 日，苏联发射的"月球 1 号"，于 1 月 4 日飞抵距月球5 995 千米的上空，拍摄了一些照片传到地球。

●正在月球上考察的月球车

● 月球的表面

1959 年 10 月 4 日，苏联又发射了"月球 3 号"自动行星站。它于 10 月 6 日开始进入绕月球的轨道飞行，7 日 6 时 30 分，它转到月球背面大约 7 000 千米的高空。当时地球上看到的是"新月"，月球背面正是受太阳照射的白天，是照相的大好时机。当行星站运行于月球和太阳之间的时候，在 40 分钟内拍摄了许多不同比例的月球背面照片。这是有史以来拍摄到的第一批月亮背面的照片，这个千年奥秘终于被揭开了。

月亮的背面也是像正面一样的半球，绝大部分是山区，中央部分没有"海"，其他地方虽有一些"海"，但是都比较小。背面的颜色比正面稍稍红些。现在，科学家已经绘制了一幅较详细的背面图，并且给那些背面的山和"海"，按国际规定命了名。

环形山以已故著名科学家名字为名，主要有：齐奥科夫斯基、布鲁诺、居里夫人、爱迪生等。"海"有理想海和莫斯科海等。有五座环形山用中国古代石申、张衡、祖冲之、郭守敬和万户等五位科学家的名字命名。其中，规模最大的是万户环形山，面积约 600 平方千米，它位于南半球，夹在两座环形山之间。

万户是一位佚名的传奇人物。据国外记载，万户在 14 世纪末（明太祖洪武年间）在一把椅子后面绑上 47 支火箭，自己坐在椅子上，双手举着一个大风筝，试图飞上天空。当火箭被点燃后，突然爆炸，万户不幸遇难了。火箭飞行器虽然没能够升空，但他被公认为世界上第一个试图利用火箭飞行的人。

月球表面的环形山

人们甚至用肉眼就能观察到月球表面的环形山，这是月球最具特点的"相貌"之一。

近二十多年来，对太阳系探测的重要成果之一，就是发现了类似地球的，具有固体表面的天体——行星和卫星，它们的表面大多满目疮痍，"弹迹"累累。凡是第一次通过天文望远镜看月亮的人，都为月亮的面貌而惊奇。原来月面布满许多大大小小的气泡状的结构。

● 月球表面的环形山

再细细观察，会发现这些气泡似的结构都呈碗口状，中间有凹坑。当年伽利略第一次通过天文望远镜看到月面时，也曾为之迷惑不解。三百多年来，关于月面坑穴状的结构，天文学家、地质学家和月面学家都做过大量的观测、统计分析和绘制月面图的工作。天文学家把这些坑穴称为环形山，地质学家则称之为月坑。

就总体来说，大大小小的环形山分布在整个月面。其中，月海区环形山较少，而月陆区环形山较多。在月球正面，则以月球南部高纬度区最多。同时，有些大环形山上也存在着小环形山，犹如叠罗汉。

科学家估计，仅月球正面的环形山，直径大于 1 千米的有 3 万多个。人造月球卫星拍下的高分辨率月面照片中，整个月面的环形山，直径大于 1 米的约 30 万个。如果把更小的环形坑穴也算起来，总数约 100 万个。环形山结构占整个月面的 7 % ～ 10 %。可见，月面是环形山的世界。大多数环形山呈碗口形，四周环壁高出月面，环壁外侧的坡度在 5 度左右，内侧较陡，在 35 度左右。环形山内底部较平坦，但有的有中央丘。有

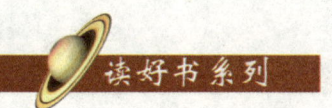

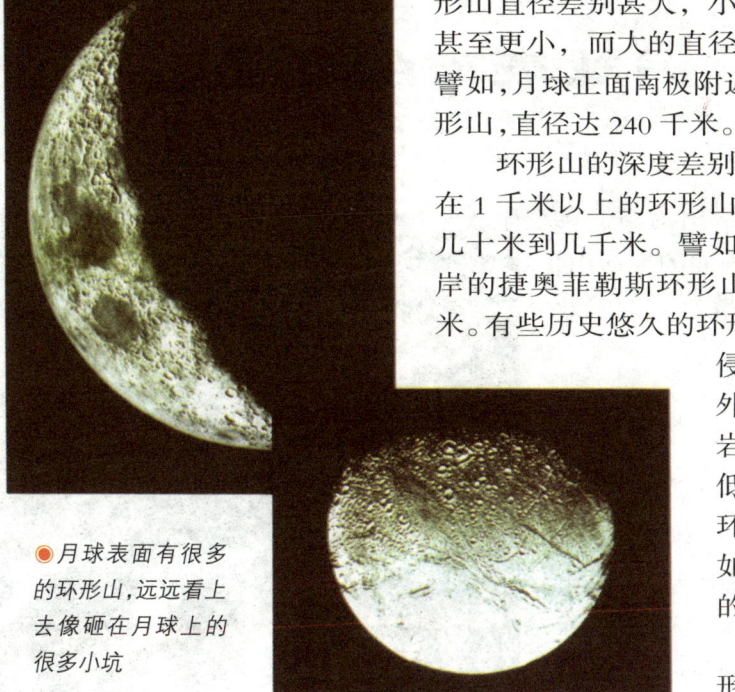

●月球表面有很多的环形山,远远看上去像砸在月球上的很多小坑

的环形山外围有放射状的辐射纹。环形山直径差别甚大,小的只有几米、甚至更小,而大的直径达几百千米。譬如,月球正面南极附近的克拉维环形山,直径达 240 千米。

环形山的深度差别也较大。直径在 1 千米以上的环形山,底深一般在几十米到几千米。譬如,地处酒海西岸的捷奥菲勒斯环形山底深达 6 千米。有些历史悠久的环形山环壁受到侵蚀,环壁内外受到月球熔岩冲击,显得低矮,或部分环壁被埋没,如雨海西北部的虹湾。

高大的环形山四周往往都有山脉环绕,构成这一地势的整体。如哥白尼环形山就与它周围地势的形成有密切关系。根据环形山的特征,可以把环形山分成四种类型:克拉维环形山型,这类环形山直径大,环壁严重崩塌,环形山底部和环壁上还有小环形山;哥白尼环形山型,这类环形山直径比前者要小,周围有辐射纹;阿基米德环形山型,这类环形山的底部与月海平面高度差不多,形成年份比月海更古老;碗型与酒窝型,这些都是小型环形山。

环形山是怎么形成的呢

　　这个问题从人类最初认识环形山起就产生了。伽利略思考过，开普勒研究过，惠更斯也探寻过。可以说，凡是通过天文望远镜看到过环形山的人，都对此想象过。人们提出了环形山形成的各种假说，如旋涡说、气泡说、潮汐说、火山瀑发说和陨星撞击说等。目前，火山爆发说和陨星撞击说是两种主流假说。火山爆发说的支持者认为：月球的质量小，引力小，在月球历史的早期阶段，火山爆发的规模自然会比较大，就会形成直径大的环形山口。月亮上没有空气和水，对环形山的侵蚀作用非常小，经过数十亿年，它们仍能保持原来的风貌。同时，经过几十亿年的演变后，月球内部已经没有从前那么热了，月壳变得越来越厚，带来的结果必然是火山活动越来越少，即使偶尔有火山爆发，其规模已远非昔日可比，所形成的环形山口也越来越小。支持陨星撞击说的人也有自己的解释：缺乏空气的屏障作用，陨星撞击月面就会特别猛烈，而在月球形成之后不

● 开普勒　　　　　　　　　　　● 惠更斯

太久的好几亿年中，它曾经不断地受到陨星和流星的袭击，多数环形山就是在那段历史时期形成的。

从环形山的种种迹象来看，很明显，它们并非在同一个时期内形成的。有些环形山互相重叠，一个压一个，或几个压一个，可以肯定，最上面的、形态最完整的，是比较年轻的。月海里的有些呈半淹没状态的环形山，它们很可能是在月海形成之前就存在的了。而在月海形成时，这些古老的环形山口被淹没了一部分。我们也完全可以设想，一定还有不少环形山，被淹没得无影无踪了。在月海里也可以看到一些单个的、不大的、环壁很完整的小环形山口。显然，它们是在月海形成之后由陨星撞击而形成的。

有人也提出过这样的问题：陨星撞击能形成如此大的环形山口吗？这确实是个问题，据估算，要形成直径为1千米的环形山，陨星撞击月面时必须产生相当于百万吨炸药的爆炸力，而要造成上百千米大的环形山口，所需要的爆炸力不是百倍，而是百万倍，整个月球都会震

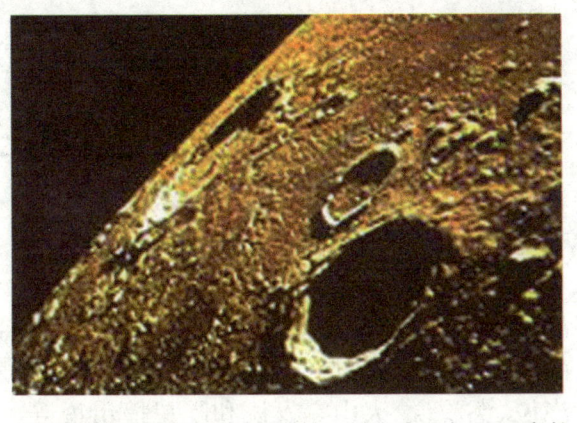

● "阿波罗"飞船从月球传回地面的月球图片，可以清晰地看到巨大的陨石坑

● 这是月球北部地区十分荒凉的地貌，直径130千米的月坑和周围环形山，这是月球朝向地球的一面。比较暗的、平坦的地区就是月海，圆形的图案就是环形山，较长的亮纹就是辐射纹，它是月球上最奇异的现象之一。这幅漂亮的图片是由宇宙飞船上携载的照相机拍摄的

动起来,所造成的破坏和遗留下的痕迹,即使在今天也该是很清楚的。我们看到的月亮正面,直径大于上百千米的环形山口有好几十个,如果它们都是由陨星撞击月面形成的,这是很难想象的。

可以猜测形成环形山的原因有好几种,陨星撞击和火山爆发可能是其中主要的两种:一部分环形山,尤其是较小的环形山,由陨星撞击月面而形成的可能性比较大;那些直径比较大的,有可能是火山爆发后遗留下的火山口。

在农历每月月中的几天内,你若特别注意一下月面最南部,也就是最下面的那部分月面,就会看到一些明亮的、向四面八方发散的线条,这就是月面辐射纹。

月球正面带辐射纹的环形山在 60 座以上,只是多数规模都不大,在明亮程度上也存在着差别。尽管辐射纹的宽度不尽相同,但有一点基本相同,即辐射纹一般都是翻山越岭,穿过山脉、山谷,横跨月海,越过一个又一个环形山口后,延伸到离辐射纹中心成百上千千米之外,而方向却没有任何改变,非常壮观。辐射纹在望月时,也就是在阳光垂直照射月面时,看得最清楚。

带辐射纹的著名环形山有哥白尼、开普勒、第谷等环形山,其中以第谷环形山的辐射纹最为明亮和最受观测者瞩目。第谷环形山的直径 85 千米,深 4.85 米,它周围至少有 12 条长短不一的辐射纹,以环形山为辐射"点",向四周延伸开,最长的一条长达 1 800 千米,超过环形山本身直径的 20 倍。辐射纹是怎样形成的呢?还没有一致的结论。有人认为是在陨星撞击月面时,石块和粉末之类的物质向四面飞溅,最后陨落在月面上而形成的;也有人认为是火山作用造成的。

第谷环形山是月球上最著名的环形山,以丹麦天文学家第谷(1546—1601)的名字命名,位于月面西经 11 度、南纬 43 度。它的结构复杂,并显现出年轻环形山挺拔峻峭的风姿。第

●丹麦天文学家第谷

谷环形山以满月时从地球上看到最多、最长、最美的辐射纹而著称。辐射纹从环形山中心，呈弧形向外延伸。辐射纹贯穿整个南部陆地，叠加在许多环形山之上，有的甚至伸展到酒海、静海、云海、知海和风暴洋中，饶有特色，

●月球探测器

蔚为壮观，肉眼可以直接看到。

按月面演化史来分类，第谷环形山属于哥白尼纪，也就是与哥白尼环形山的年龄差不多。这座环形山的特点是周壁表态比较完整，有明显的辐射纹，岩石的反射率较高，属于年轻的环形山。月面学家认为，它们是在风暴洋和雨海等地发生大面积陷落以后才出现的。

第谷环形山一直吸引着天文学家、地质学家和广大天文爱好者的注意。1968 年 1 月 7 日，美国发射的"勘测者 7 号"月球探测器就降落在第谷环形山北侧不远的地方。这是人类发射的探测器降在月球上最南方的一个。它对月壤进行了分析，还拍下了 2 万多张月球照片，其中有第谷环形山辐射纹的近距离照片，从照片上可以看出辐射纹上聚集着许多小环形山。

遥望明月，在圆圆的月球左上方，有一片近似圆形的暗灰色区域，被称为"雨海"。当然，月球上没有大气和水，因此这里不是名副其实的"雨海"，只是月球上的平原。"雨海"这一美称是意大利天文学家里希奥利于 1651 年提出的，至今已有 300 多年的历史了。它以典型的环形结构和复杂的地势而闻名。

通过天文望远镜，我们可以清晰地看到雨海恰似一个巨大的圆形广场。虽然伽利略没有绘出这部分月面图，但是，在 1643 年波兰天文学家赫韦吕斯画的月面图上，十分清楚地画出了雨海的位置、形状和周围的环境特征。雨海位于月面的西北部，大约在北纬 15 度至 50 度，东经 10 度至西经 40 度。它的北面隔着一处高地，与东西走向的冷海为邻；东边地势起伏很大，山高谷深，峭壁悬崖，由弗雷斯内尔海角与澄海相通；南

部同以著名的哥白尼环形山为中心的高地和伸向陆地的暑湾毗连;西侧主要同浩瀚的风暴洋相连,一眼望去,雨海像是风暴洋的一个海湾。

雨海的总面积大约为 887 000 平方千米,比我国青海省的面积稍大一点。在 22 个月海中,面积仅次于风暴洋,居第二位。它和风暴洋、澄海、静海、云海、酒海和知海构成月海带,并以典型的环形月海著称。

雨海从地形的角度看是封闭的圆环形,它被群山环抱,是一个典型的盆地结构。它的东北部有阿尔卑斯山脉;东边有高加索山脉和亚平宁山脉;南面有喀尔巴阡山脉;西部虽然与风暴洋连成一片,但还是有较小的前驱山脉;西北方有朱拉山脉;正北有直列山脉和泰纳里夫山脉;东部海中还有斯皮兹柏金西斯山脉。目前已知整个月球上共有 15 条山脉,而雨海周围就有 9 条,这在月海中是独一无二的。

雨海和它周围的地势构成一个整体。如果通过天文望远镜直接观察雨海的东岸,这里的地势会使人有一种错综复杂之感。弗雷斯纳尔海角把隔开雨海和澄海的大山脉拦腰割断,北段就是高加索山脉,南段就是亚平宁山脉,从而使雨海和澄海相通。雄伟的亚平宁山脉长 640 千米,是月球上最大的山脉。向着雨海的一侧坡度陡急,形成悬崖峭壁,而向外一侧则比较平缓。

1971 年 7 月 26 日,美国发射的"阿波罗 15 号"宇宙飞船就降在亚平宁山脉北部哈德利山西侧的哈德利峡谷。这是到现在为止,人类登上的离月球赤道最远的地区,大约在北纬 26 度 26 分。宇航员第一次驾驶着月球车在这里考察,并爬到高耸的亚平宁山山坡,采集了一批岩石和土壤,为进一步研究月陆和月海的变迁带回了可靠的样品。月面上还有一些蜿蜒数百千米长、几千米宽的大裂缝,看起来很像地球上的沟壑或谷地,较宽的称为月谷,较窄的称为月溪。

雨海这里既有月谷,又有月溪。在"阿波罗 15 号"登月舱着陆点的西侧,就有一条名为哈德利的月溪。它长 100 多千米,宽 1.5 千米,深

●"阿波罗 15 号"宇航员

400 米，是最清晰的月溪之一。在雨海东北部的阿尔卑斯山区，有一条长130 千米、宽 10 多千米的大峡谷。它的外形整齐笔直，连通着雨海和冷海，这就是非常著名的阿尔卑斯月谷。从一般的天文望远镜里都能清楚地看出它独特的外形，很像地球上的苏伊士运河。

在雨海的北岸，我们可以看到著名的柏拉图环形山。它的直径有 96 千米，底部和雨海"海面"一样高。早在 1878 年，就有人曾几次观测到柏拉图环形山底部随太阳在月球天空的高度不同而变幻着明暗。1949 年 4 月，有人发现柏拉图环形山底部出现一次金黄色的闪光。这些奇妙的现象虽然还没有正确的解释，然而，由此却可以看出不少观测者一直注视着这里的变化。在阿尔卑斯山脉和高加索山脉之间，雨海的海面上有一座直径 58 千米的环形山，它是以意大利天文学家卡西尼的名字命名的。这是由于卡西尼根据自己多年观测，于 1680 年画出了精细的月面图，并发现月亮运动的三条规律。卡西尼环形山西边有一个貌不出众的小山，

● 阿基米德

在宽旷的海面上，它显得形单影只，叫皮同山。其实它是一座长约 28 千米，高约 2.3 千米的大山，阳光斜照产生的阴影可以长到它高度的 30 倍。雨海东部还有 3 个极为明显的环形山，它们是阿基米德环形山、奥托里克环形山和阿里斯基尔环形山。值得一说的还有阿基米德环形山，它和柏拉图环形山一样，坑底与月海面一样高，一样平坦，只有环状周壁的顶端露出海面。这是比较老的一类环形山，它们是在月海形成之前产生的。有的月面学家就选择它作为这个时期的代表和划分月面史的一个标志，叫阿基米德纪。在亚平宁山脉

的南端,还有一个大名鼎鼎的环形山,叫爱拉托逊环形山。它在东西向上把亚平宁山脉和喀尔巴阡山脉分开;在南北向上它是雨海和暑湾的分水岭。爱拉托逊环形山的直径约 59 千米,外形还保存着形成时期的样子,然而已失去了辐射纹。它应该是在月海形成之后出现的,比柏拉图环形山和阿基米德环形山年轻得多。有的科学家把那个时代称为爱拉托逊纪。这些具有不同演化阶段的环形山,为壮观的雨海添色增辉。

月海伸向月陆的部分称为"湾"或"沼"。月球上共有 5 个湾和 3 个沼,而雨海就有两个湾和一个沼。它们是西北岸的虹湾和阿基米德环形山旁的眉月湾,

●柏拉图

以及亚平宁山脉和阿基米德环形山之间的腐沼。虹湾像半个环壁镶嵌在雨海的西北岸。通过天文望远镜观测,它的形状非常像地球上雨后弯弯的彩虹,虹湾因此而得名。其实,它是一个外围被朱拉山脉环绕的大环形山,长约有 290 千米。它的一半已被雨海熔岩掩盖,被掩环壁的痕迹还可以见到,没有被掩的环壁部分就是虹湾。1970 年 11 月 10 日,苏联发射的"月球"17 号飞船就降落在虹湾南边,把第一辆月球车放到雨海。

雨海区域的地势是非常复杂的,又是极为壮观的。因为它囊括了月面构造的多种多样的类型, 所以很早就引起天文学家和地质学家的重视。雨海是怎样形成的呢?这不仅是一个迷人的问题,而且是月面学研究的重要课题。一般说来,关于雨海的形成有两种解释。一种认为大约在 39 亿年前,一颗巨大的陨星或行星撞击在月面上,形成巨大的坑穴。然后,陨星坑的四周发生山崩和断裂,形成更大的月海盆地,亚平宁山脉和高加索山脉就是当时的断层。大约在 31 亿年前,陨星冲击诱发了大量的熔岩涌出,熔岩淹没了月海盆地内部,形成了今天的雨海。这就是所谓的"雨海事件"。另一种解释认为,月海是月球自身演化的结果,大体上都是在同一时期内形成的。

风暴洋这个名称听起来可怕,其实这里既无风暴,更不像地球上烟波浩渺的海洋。它只是月面上宁静而辽阔的平原,而且是月面上最大的平原,唯一的"洋"。

农历每月十五以后,才能看到风暴洋的全貌。通过天文望远镜观察,风暴洋和月面部的雨海、知海、湿海、云海及北部的冷海相通,构成一幅极其浩瀚的壮观图景。整个西部"海域"和东部零散分布的月面海形成鲜明的对比。西部"海域"的特征:一是面积大,是东部月海面积的 3 倍左右,占西部月面约 3/4;二是个数少,只有 5 个;三是以风暴洋为中心,连成一片。

风暴洋处于大约北纬 60 度至南纬 20 度,西经 85 度至东经 10 度的位置。南北向最大距离约 2 400 千米,东西向最大距离约 2 900 千米。整个面积约 500 万平方千米,比其他所有月海面积之和还大一些。风暴洋的东北部和环形的雨海相通,东岸一直延伸到月面的中央区,那里有中央湾和暑湾。南部的知海、湿海和云海连在一起,形成与南部著名的山区相毗邻的格局。整个西部洋岸错综复杂,各种形态的"半岛"和"岛屿"显现典型的"海洋"特征。由于受月球运动的影响,西部边缘时隐时现。

风暴洋以千姿百态的地势风貌给天文观测者留下深刻的印象。它的地势特征可以归纳如下:第一,风暴洋中的"岛屿"甚多。以北纬约 10 度,西经约 20 度的哥白尼环形山为中心的周围就是一个引人注目的大岛,大约有 20 万平方千米。在该岛西边不远的地方,又有一个以开普勒环形山为中心的奇形怪状的岛屿。在这个岛周围还伴有很多小岛,该岛上也有一个著名的环形山,叫阿里斯塔克环形山。西岸附近的小岛更是星罗棋布。在风暴洋和知海之间矗立着长达 200 多千米的里菲山脉,它像一座拔地而起的洋和海的分水岭。第二,具有明亮辐射纹的环形山最多。观赏明月,人们常被月面几处具有明亮辐射纹的亮斑吸引。这些辐射纹的亮斑就是环形山,最清晰的就是云海之南的第谷环形山。在风暴洋中还有三处这样

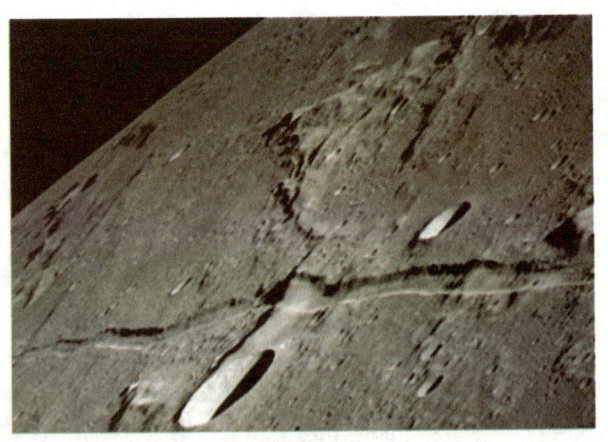

● 月面的细沟

的环形山,它们是哥白尼环形山、开普勒环形山和阿里斯塔克环形山。这些美丽的辐射纹在暗灰色洋面背景衬托下,显得格外迷人,在强烈的阳光下光彩夺目。哥白尼环形山直径90千米,辐射纹约1 200千米。由于它位于月面中心附近,因此辐射纹显得特别清楚。美国发射的探月飞船拍下了许多细节照片,原来辐射纹上还存在许多小环形山,环壁中间有隆起的中央丘。开普勒环形山的直径约32千米,辐

●月球辐射纹

射纹长约640千米。阿里斯塔克环形山直径约40千米,辐射纹长约430千米,它以有时发出奇异的光而闻名。1958年苏联天文学家科齐列夫曾拍下它发出粉红色光的光谱照片。1969年7月21日,美国"阿波罗11号"载人飞船在环绕月球运行时,宇航员阿姆斯特朗恰好看到它发出荧光。至于它为什么会发出短暂的奇异光辉,现在还没有确切的解释。有人认为是因为从环形山内喷出的气体,有的则认为是太阳上射出的质子流引起的。第三,风暴洋及其内部的各种地势,应与雨海、知海、湿海和云海看成一个演化整体。当然,它们的形成或许有先后之分,但是,作为相通的近邻,又必有其内在的演化联系。比如,风暴洋的西部和南部就明显存在陆地和海洋之间的过渡地带。根据测量表明,陆区的月壳厚度为40~60千米,海区的月壳厚度约在20千米,过渡带的月壳厚度一般在30~40千米。湿海和云海等于是风暴洋伸向南部陆地的近海,它们的岸边地势非常低。云海东部海面有长约200千米的直壁,西南边缘有疫沼和长280多千米的赫西奥杜斯月溪,西岸有长200千米、宽5千米的伊巴勒月溪。湿海比月球平均水准面低5.2千米,西岸有200多千米长的利比克峭壁。第四,风暴洋周围遍布着的大的环形山最多。在东部有托勒密环形山、阿尔芬斯环形山、阿尔札赫环形山;西部有加桑迪环形山、列特龙环形山、格里马第环形山、里希奥利环形山、赫韦斯环形山、卡达努斯环形山、克拉夫特环形山和罗素环形山;西北部有毕达哥拉斯环形山;处在正面和背面分界线上的有爱因斯坦环形山;处在西部洋面上的还有伽利略环形山。

●欧洲探测器抵达月球轨道

　　1969 年 11 月 19 日,美国"阿波罗 12 号"载人飞船在风暴洋洋面着陆,距离 1967 年 4 月 19 日美国发射到月面的"勘测者"3 号仅 180 米远。宇航员在月面活动两次,共计 7 小时 53 分。活动地点离登月舱最远达 900 米,带回 59 千克月壤和月尘的样品,其结晶岩石主要为玄武岩,这是月海的共同特征。鉴定表明:风暴洋的玄武岩是目前已知几个月海中最年轻的。从目前已取得的岩石样品测定:静海玄武岩年龄在 35 亿～38 亿年;澄海玄武岩年龄在 37 亿～37.9 亿年;丰富海玄武岩年龄在 34.5 亿年;雨海玄武岩年龄在 33 亿～34.5 亿年;风暴洋玄武岩年龄在 32 亿～33 亿年。

　　1971 年 2 月 4 日,美国"阿波罗 14 号"载人飞船在风暴洋中的高地上的弗拉摩洛环形山以北、哥白尼环形山以南约 390 千米处着陆。宇航员在月面活动 8 小时 54 分,最远活动范围为 3.6 千米。使用手推车在三个地方采集了样品:着陆区西面的平原;高 100 米山脊上的月壤;一个直径为 340 米的较年轻的环形山喷发出的沉积物。带回的 50 千克月壤样品中,大多数为长石质的角砾岩,它们充分显示出受冲击和热效应的特征。着陆区的月壤层厚 8.5 米,不仅有颗粒形的表土,还有因受冲击而形成的玻璃球粒。

　　20 世纪 60 年代初,苏联人用月球探测飞船发现了在月面有塔状物,这件事对美国是一个冲击。1966 年 11 月 20 日,美国的"月球轨道环行器 2 号"在执行月球探测计划时,也发现了月面上的塔状物。地点为地球人类首次登陆月面留下脚印的静海。当时这艘探测器正从 46 千米远的距离对月面进行拍摄。从照片上可见，那些塔状物有点像埃及的方尖碑，也像华盛顿纪念碑。科学家分析照片后得出结论：这些塔状物高度约 12 ～ 23 米。而苏联科学家估计，这些塔状物比美国科学家计算的结果高出 3 倍，其高度相当于地球上一座 15 层的大厦。但地质学家法尔克·埃尔·巴斯博士说："这些塔状物比地球上任何建筑物都要高得多，一般为 2 ～ 3 倍。"他强调指出："这些塔状物的颜色要比它们周围的月面的颜色明快得多，它们是用其他物质构成的，而不是月面上的物质。"比塔状物的高度和尺寸更重要的是它所处的位置。美国波音飞机公司科学研究所的生物工程学博士威廉·布莱亚认为，这些塔状物是按照几何学法则排列的。这位考古学、自然人类学及遗传工程学方面的权威强调："如果这些突起的塔状物确定是基于地质学的理由建立起来的话，那么它们就会零落分散，而不会整齐排列。"

　　1966 年 2 月 26 日美国《洛杉矶时报》刊登了布莱亚博士运用几何学分析和显示这些塔状物的位置关系图，他根据"月球轨道环行器 2 号"拍摄的照片拟出这张草图。布莱亚博士确信："这 7 座塔状物绝不是漫不经心之作！"因为在《洛杉矶时报》刊出的 3 个顶点和 2 条底边构成了 6 个等腰三角形，这样的东西当然不可能是自然形成的，更何况在这些塔状物的四边正好有一块长方形洼地。布莱亚博士证明说："仔细观察这些塔状物的阴影部分后可知，那里构成了 4 个直角，很像是建有建筑物的基地。"

苏联空间工程学家亚历山大·阿布拉莫夫在研究过"月球轨道环行器 2 号"拍摄的照片后指出：这些塔状物的排列方式总在发生很显著的变化。他计算了这些塔状物的建造角度，运用几何原理进行了分析，结果令人惊奇——这些塔状物与人们所知的"埃及三角"的排列方式完全一样。月面上的、确信是人工所成的建筑物，竟然与地球上的考古学家和历史学家熟知的"埃及三角金字塔"构造相同，这难道是偶然的吗？阿布拉莫夫说："如果对这些月面物体进行分类的话，事实上，它们与开罗郊外吉萨的胡夫、哈夫拉、奇阿普斯等埃及法老的大金字塔何

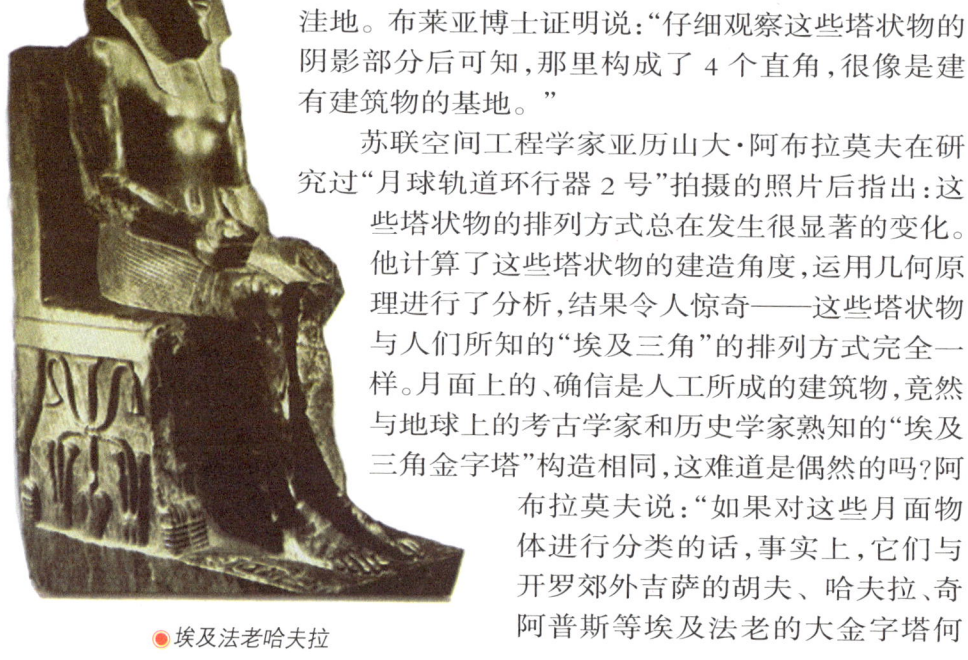

● 埃及法老哈夫拉

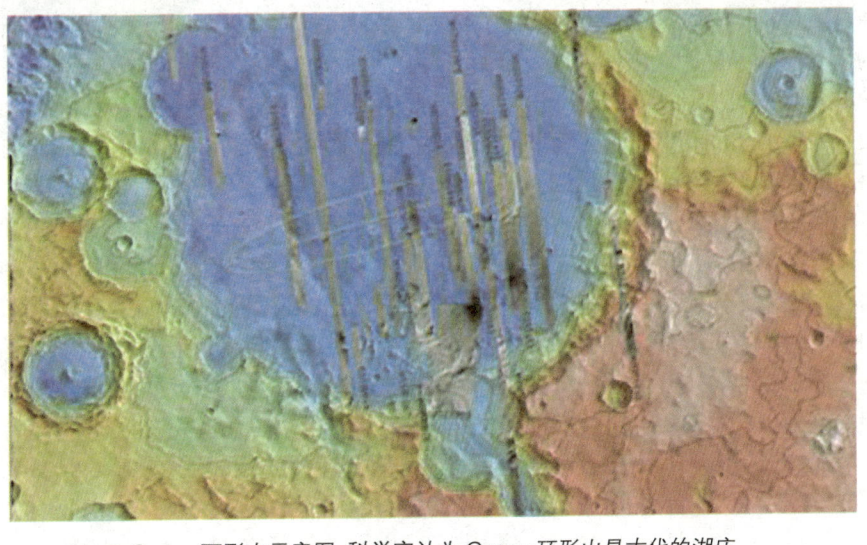

● Gusev 环形山示意图，科学家认为 Gusev 环形山是古代的湖床

其相似！"如果以月面阿巴卡地区的塔状物为中心的话，那么它们的排列与埃及三大金字塔的顶点的排列就毫无差别了。如果情况正如伊万·桑达森博士的报告所言，假定阿布拉莫夫的计算是准确无误的，那么这不是正可以引为月面上存在智慧生物的证据吗？

　　科学家早已证明，美丽的月亮表面上，不过是一片千古不毛之地。地球上绿水青山，鱼翔鸟飞，生机勃勃，而月球上却满目荒凉。大小环形山犬牙交错，鳞次栉比，没有江海河川，没有白云蓝天，没有风雨雷电，只有砾石和尘土。

　　月球上没有空气，没有水分，所以即使在白天，尽管太阳比地球上更加明亮夺目，但就在那耀眼的太阳旁边，繁星仍在闪烁，整个天空仍像黑丝绒那样深沉乌黑。

　　既然没有传声的媒介——空气，当然也不会有什么声音了。月球是一个死寂的世界，即使万炮齐鸣，地陷山崩，但在月球上也听不到什么，就像一场场面壮观的"无声电影"。

　　月球上没有空气，所以它挡不住流星的撞击，所有的流星都会变成落地的陨星。正是它们巨大的动能，使月面变成一个"大花脸"。而且，由于没有风雨的侵蚀，在几十亿年中，陨星频频撞击所造成的痕迹依旧使它始终保持着原来的"风韵"，这就是它至今仍斑痕累累的原因所在。这种与陨石坑类似的环形山，在月面上多得难以统计。最大的贝利环形山在月球南极附近，直径为 295 千米，把我国的海南岛投进去绰绰有余。而那些极小的环形山，只不过是一个个小小的坑洞而已。

月球上没有空气，所以也不会有任何液态水存在。因为在真空条件下液体都会很快变成气体挥发殆尽，所以即使月球在刚形成时有浩瀚无际的汪洋大海，但不用多久也会蒸发干净，所有水汽都散逸到宇宙空间中去了。由此可知，月球表面上那些被称为"海"的暗黑的地区，只是古人美好的愿望而已。现在知道月面共有 22 个"海"，除了 3 个在月球背面无法见到，4 个跨越正、背两半球，其余 15 个都在月球正面。月海大多呈圆形或椭圆形。在正面，月海的面积约占月面的 50 %。

白天的阳光下，月面上的最高温度可达 127 摄氏度，比水的沸点还高，但在深夜最冷时，温度会降到 -183 摄氏度，昼夜间的温差达 310 摄氏度！在月面上，因为没有空气散射、折射，所以一切黑白分明。阳光所到之处，亮得刺眼，烫得灼人，但在它的阴影中，却又黑得伸手不见五指，冷得叫人发抖。

月球上没有空气和水，这就决定了那儿不会有生命。一切幻想小说中的"月球人"都是作家的艺术创造。登月的宇航员需要"全副武装"才能在那儿漫步。

人们一向认为，月球上没有空气和水。可美国国防部官员却在 1996 年年底宣布，在月球南极的一个环形山内，因为从来不见太阳，所以有一个"冰湖"，其直径为 360 米，深 10 多米，含水吨至 50 万吨至 100 万吨，真是石破天惊！然而天文学家却不以为然，为此美国航天局特意于 1998 年 1 月 6 日发射了"月球探测者"无人飞船去探个究竟。

我们且不管月球上到底有没有水，即使真有冰湖，怕也与常人所熟悉的普通冰或水大相径庭，因为在近 -200 摄氏度的极低温下，许多东西都会发生戏剧性的变化：鸡蛋会像皮球那样富有弹性；真正的皮球却一碰就成一堆碎片；食品会如萤火虫那样发出绿光；而冰也将变得比钢铁还硬，叫人难以对付……

●月球照片

月球的质量约为 7.35×10^{22} 千克,相当于地球质量的 1/81.3,所以若把地球、月球看作一个系统,则它们的质量中心在地球内部的地幔内,离地心达 4 671 千米。从半径和质量知道,月球的平均密度与火星相仿,为每立方厘米 3.34 克。月面上的重力加速度只有 $1.62m/s^2$,相当于地球表面的 1/6。换句话说,一个体重 60 千克的青年人如果在月球上,便只有 10 千克了。他会身轻如燕,轻而易举地刷新地球上许多体育世界纪录。重力变小后,世界将变得分外神奇,连训练有素的宇航员,在月面上漫步时也叫人忍俊不禁! 他们显然也不太适应。有时一抬腿,人就会悠悠升起,再慢慢落下。连跌跤也是慢悠悠地向前倾,姿势好不"优美"。月面上的千古尘土飞飞扬扬,也要过很长时间才飘落,这一切都像电影中的慢镜头。所以回来的宇航员说,在月面上要像袋鼠那样走路才最省力。

1787 年以来,在中国、美国、菲律宾、澳大利亚等国,先后发现了一种细小的"玻璃体",有淡绿色的,也有棕黄色的,一般像胡桃大小,最小的像米粒,最大的像柚子。它们的形状有的似球形,有的似扁圆形,它们的含水量比任何岩石都低。

1979 年,中国国家地震局北京地质大队、北京师范大学地理系在分析处理北京顺义 1 号钻井岩石样品时,在显微镜下发现一种有趣的透明的玻璃状物质,表象非常奇特。它没有棱角,在 1 000 摄氏度高温中,只是颜色变深,它不是生物的分泌物,也不是火山物质。通过光性测定、电子探针成分测定,这些玻璃状物质是"显微熔融石"。熔融石又叫"玻璃陨石",在我国雷州半岛和海南岛早有发现。这种自然玻璃体在地球上是罕见的,它们从哪儿来的呢? 许多年来,科学家一直在寻找,它的来源始终是个谜。有人说,这些玻璃体是陨石从地球外面进入大气层时重新熔化而形成的,叫它"玻璃陨石"。也有人说,大陨石撞击月面时,

●玻璃陨石

产生的高温和高压，引起爆炸，使岩石粉末和石块抛向四面八方，形成了辐射纹，一部分飞离月球，落到地球上。

●宇航员在月球研究实验

1969年，"阿波罗11号"登上月球以后，人类的足迹不断登上月球。在月球上，人们发现这种玻璃体到处都有，俯拾皆是。"阿波罗11号"取回的月尘样品中，玻璃体占了1/2。"阿波罗12号"取回的月尘样品中，玻璃体有着不同的形态，有球形、椭球形、拉长状、不规则哑铃状，表面有着许多大小不等的空洞。这证明了地球上的玻璃体来自月球。

月球离地球约有38万千米。科学家研究生活在太平洋中的鹦鹉螺时，却发现了月亮正悄悄离地球而去。

美国《自然》杂志于1987年10月报道，美国地理学家对鹦鹉螺进行研究，解剖了千百只鹦鹉螺后，发现它们是一种奇妙的"时钟"，外壁上的生长纹默默地记载着月球在地质年代中的变化历程。

这是怎么回事呢？原来，生活在太平洋南部水域里的一种鹦鹉螺，是地球上的"活化石"。它是一种奇异的软体动物，身上背着一个大贝壳，外貌同蜗牛有点相似。外壳呈灰白色，腹部洁白，背部有棕黄色的横条纹。壳内由隔膜分隔成多"小室"，最外的一个小室最大，是它居住的地方，叫"住室"。以里的其他小室，体积较小，可贮存空气，叫"气室"。隔板内有细管通气室和肉体相联系。鹦鹉螺依靠调节气室里空气的数量，使自身在海中沉浮，夜间来到洋面吸取氧气，白天就转移到海洋深处，改为厌氧呼吸。鹦鹉螺在吸取氧气的时候，要分泌出碳酸钙，并在它的贝壳出口处储存起来。白天，在呼吸过程中，碳酸钙会慢慢溶解，并留下一条条小槽——生长纹。有趣的是，鹦鹉螺的壳很大，有许多弧形隔板分成许多个小室，每个气室之间的生长纹为30条左右，同现代的朔月、望月十分接近。生长纹每天长一圈，气室一个月长一格。

两位美国学者还考察、研究了新生代、中生代和古生代的鹦鹉螺化石的生长纹，发现它们是不同的：新生代渐新纪的螺壳上，是26条；中生

● 月球和地球如影随形,却又渐行渐远

代白垩纪的螺壳上,是 22 条;侏罗纪的螺壳上是 18 条;古生代石炭纪的螺壳上是 15 条;奥陶纪的螺壳上是 9 条。由此,人们就联想到:在 4 亿多年前,月球绕地球一周的时间是 9 天,而随着时间的变迁,月球的公转周期,逐渐变成 15 天、18 天、22 天、26 天,直到今天的 29 天多。他们还根据引力等法则做了进一步推算,所得的结果是,4 亿年前,月球和地球之间的距离只等于现在的 43 %左右。700 万年来,月球以每年 94.5 厘米的速度在离地球而去。月球是地球的天然伴侣,从它开始围绕地球转第一圈的时候起,就已经存在着离开地球的可能,只是因为它被地球强大的吸引力给"挽留"住,所以没有能走脱。

那么,今后会怎样呢?另一些科学家通过对日食的观察,根据 3 000 年间的天文记录的计算,发现月球正在以每年 5.8 厘米的平均速度悄悄地远离地球。

月球引发的灾变

关于月球靠近地球而引发大灾变的故事,在各地广泛流传。英国的民族学家弗雷泽(1854—1941)曾指出,在北、中、南美洲的 130 个原住民部族中,每一个部族都有以大灾变为主题的神话。例如,一直保留到今天的墨西哥的古代文书《奇马尔波波卡绘图文字书》,对大灾变做了如下描绘:

"天接近了地,一天之内所有的人都灭绝了。山也隐没到水中……岩石覆盖了全部地面,发出可怕声音沸腾着,红色的山在上面飞舞……"

现在居住在危地马拉地区的原住民基奇埃族,有一种名叫《波波尔·乌弗》的古文书,书中对灾变有如下描述:

"发生了洪水……周围变得一片漆黑,开始下起了黑色的雨。倾盆大雨昼夜不停地下……人们拼命逃跑……他们爬上房顶,但房子塌毁了,将他们摔到地上。于是他们又爬到树顶,但树又把他们摇落下来。人们在洞窟里找到避难地点,但洞窟塌毁夺去了人们的生命。人类就这

●月亮、金星、地球三星连线

样灭绝了。"

关于大灾变的传说,在亚马孙河流域的原住民中间,也代代口耳相传。据说,在某一时间,天地发出了轰鸣一般的可怕声音,所有的东西都被黑暗包围了,之后开始下起了大雨;雨把一切东西都冲走了,全部地面都被淹没在水中。黑暗和大雨不止,人们不知道逃到哪里去才好,只是逃来逃去。找到最高的树有人就爬到树上去,也有人爬到了山上。

在这一时期,还发生了造山运动,例如,根据住在夏尔罗得·阿马利群岛(丹麦领属西印度群岛)的原住民神话,大灾变前的地形不是现在这样的,当时一座山也没有。

在非洲各民族中间,也流传着关于洪水伴随着暴风、地震、火山爆发的大灾变传说。根据这一传说推断,似乎大灾变是在美洲大陆和非洲大陆之间的某个地方发生的。这可以从随着与大西洋的距离加大,神话的性质也发生了变化这一事实来看清楚。当灾变的规模逐渐变小,传说就变成了仅是关于大洪水的故事。

例如,在阿拉斯加的原住民特林基特族的传说中,只传说着洪水的故事。其中写道:"几个保住性命的人坐着独木舟,艰难地找到山顶,好不容易才从肆虐的水中逃脱。熊和狼在激流中游到人坐的小舟旁边,但被无情的人们用矛和桨赶开。"在南美洲的传说中,也记载着与北美洲传说中同样的景象。也就是说,那里的传说主要是关于洪水的故事。在两处传说中,都是人们爬到山顶上才免遭一死。从人们所认为的发生大灾变的中心地区,向东越过地中海到波斯,再进而到中国,随着距离的加大,传说的性质也一步步按顺序发生了变化。在希腊的叙事诗中,对洪水发生

●西印度群岛风光

时的地震,这样写道:"有的人在土丘上避难,有的人坐着小船,最后竟在最近刚耕过的土地上划开了船桨,还有的人从榆树顶上捉鱼……人们跑到这里,是因为大地的震动和洪水的波涛。由于水位不那么高,土丘和大树顶还没被水淹没。"在古代伊朗人的经典《赞德·阿维斯塔》中说:"洪水时,什么地方的水都有一人深。"

根据传说,在东南亚和中国,海水淹没陆地后,又从海岸向东南退去。也就是说,在地球的某个地区,发生了大涨潮,水位高到淹没了山顶。而在相反方向的地区,发生了退潮现象。因此,越向东去,水位也渐渐变低。因而在中美洲,水到了最高的山顶;而在希腊,水位到了快淹没土丘和大树顶的地方;而一到波斯,水只有一人深了。

值得注意的是,一直流传到我们时代的一些神话,都把月球看作宇宙大灾变的罪魁祸首。例如,芬兰的故事诗《卡列瓦拉》和南美洲的各种传说,都说宇宙大灾变的原因在月球上。在远古时代地球的夜空中,恐怕没有月球。我们在各民族的传说中,可以找到关于那个时代没有月球的神话。玛雅人在其发生洪水以前的《编年史》中,对月球只字未提,这绝不是偶然的。根据这部《编年史》,在洪水以前的时代,在夜空中发光的不是月球,而是金星。非洲南部的布须曼族神话,也证实在洪水以前的夜空中看不到月球。

在希腊南部的伯罗奔尼撒,曾有过一个名为阿卡狄亚的国家。根据阿卡狄亚人的传说,洪水以前那里的居民从来不知道忧虑和悲伤。月球是洪水后出现的东西,洪水发生时夜空中还看不到月球。亚历山大里亚大图书馆的第一馆长、罗德斯的阿波罗尼乌斯也在公元前 3 世纪前后记载说:"古时地球的天空中看不到月球。"他在写这件事时,曾使用了很多远古时的手稿和抄本。但遗憾的是,这些资料,其后有的丢失,有的被损坏,没有一件保留到今天。

希腊的数学家、天文学家阿纳克萨哥拉斯也根据当

● 希腊南部的伯罗奔尼撒

时的资料说过，月球在天空中出现，是地球形成以后很晚的事情。留在地球上的涨潮与退潮的痕迹，证明引起大灾变的原因一定已经存在了几百万年。据此，学者提出了关于月球成因的假说，月球因为通过地球附近，而成了落进其引力圈内的天体。根据这种看法，在太阳周围运转的小行星一落进大行星的引力圈，就变成了它的卫星。当这种卫星从外侧的轨道到来时，它就在行星周围按逆时针方向运转。例如，地球的卫星月球和木星的第七号卫星就是这样的。

瑞典著名的天文学家哈恩奈斯·阿尔维恩，在题为《论地球和月亮的起源》的论文中，介绍了德国天文学家格尔斯坦克伦的学说。根据格尔斯坦克伦的这一学说，月球最初是一颗行星，沿着距地球非常近的轨道运转。但是后来月球被地球捉住，变为在它周围运动。月球逐渐接近地球，其在人们的视野中直径越来越大，最后成了现在这样，成了原来的20倍。哈恩奈斯·阿尔维恩写道："与此同时，涨潮也增高了。当月球最大限度接近地球时，潮水的高度曾达到过数米。"

有这种看法的学者，并不止格尔斯坦克伦一个人。根据尤莱的看法，月球可以说是太阳系中的异常物体，它作为"通常的"卫星也过大。月球过去曾是一颗行星，由于宇宙大灾变的结果变成了卫星。也就是说，一个大的宇宙物体穿过月球的旁边，月球从其轨道中脱离出来。月球因失去了运动速度，落入了地球的引力圈内。如果用尤莱的说法，是最后被地球"捉到了"。

但是，引起大灾变的原因，不能说只有这个现在被我们叫作月球的物体。为什么这样讲呢？因为最近在南美洲的中心地区发现了大量陨石性物质。根据很多学者的意见，这种陨石性物质说明，曾经存在过的地球的另一个卫星（地球的"最早的月球"）上发生过大灾变。在南美洲的广阔地区内所大量发现的这种陨石性物质，肯定是卫星的碎片落到地球上时形成的。

不仅限于南美洲，在其他地区也大量发现过这种从宇宙来的物质。例如沃尔泽尔在几年以前就发现了广泛分布在太平洋底的白色灰层（厚5厘米至30厘米）。他对这层同一性质的物质形成得这么厚一事深感吃惊，认为这种现象是由于宇宙大灾变而产生的。当时还了解到，在太平洋的某一层中，含有大量的镍。一些学者通过这一发现，认为白色灰层就是曾经落到地球上的陨石碎片。地球上的大灾变是否真的由月球引起，目前只是一个假说，要证明这个说法是否正确，还需要做大量细致的证据搜集和研究。

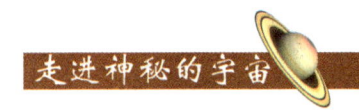

月　食

　　月食和日食一样，都是常见的自然现象，可是古人不能正确地了解它的原因，给月食蒙上了一层神秘的色彩。

　　2300 多年前，叙拉古人和雅典人发生战争。雅典舰队攻势勇猛，攻进了叙拉古的港口，当时城里的人们都做了准备，打算撤退。可是，在这天夜里，刚好发生了月食。雅典人把月食看作不祥之兆，以为这是上天对他们的警示，于是，他们就撤销了进攻计划。叙拉古人趁机调来增援部队，反而把雅典人的舰队全部消灭掉。

　　其实，古代有些科学家很早就推测，月食是月球被地球的影子挡住的一种现象。我国东汉的天文科学家张衡就提出过这样的观点。麦哲伦环球航行时，凭着月食的阴影断定地球是个球体，他们往西航行，就一定可以绕地球一圈，返回原地。

　　近代科学家研究证明，张衡的推测没有错。月食就是地球的影子掩

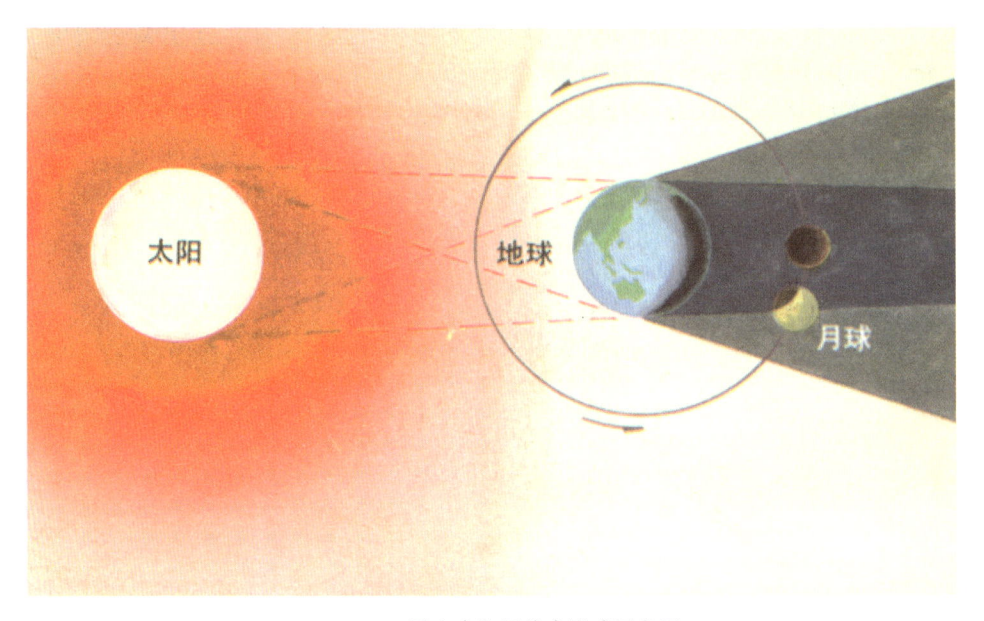

●月全食和月偏食形成示意图

141

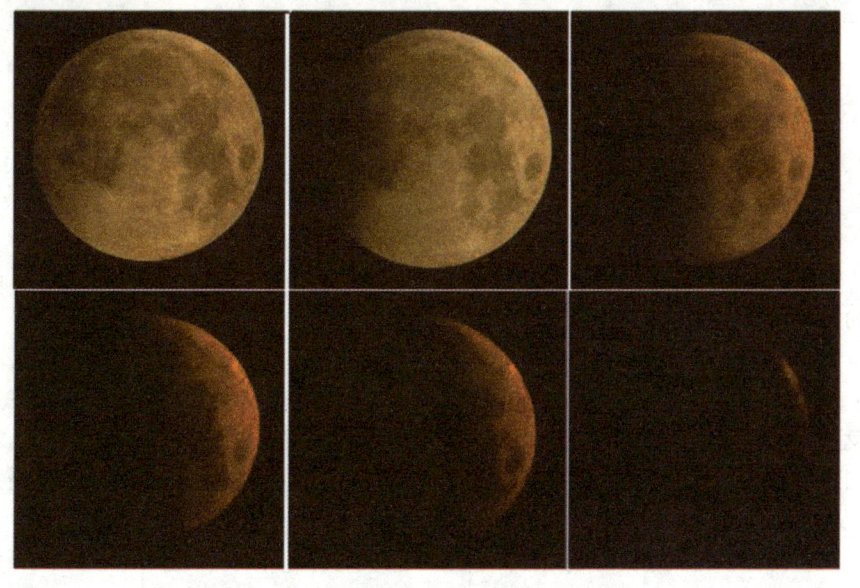

●巴西圣保罗上空拍到的月食景象全程

蔽了月球。由于月球和地球本身都不会发光,只能反射太阳光,因此月球和地球在太阳光的照射下,在它们背向太阳的一侧就会拖着一条阴影。在月球绕地球公转的时候,如果月球走进地球的阴影,得不到太阳的光线的照射,就发生了月食;如果是整个月球被地球的阴影遮住,就是"月全食";如果月球只有部分被地球的阴影遮住,就是"月偏食"。

月食的发生也是有规律的。它一般发生在"望"日,即农历的十五或十六。但每个月的十五或十六不一定都会发生月食,因为地球运行的轨道和月球运行的轨道不在一个平面上。大多数的"望"日,月球都从地球运行轨道的上面或者下面溜过去。只有当月球、太阳、地球处在一条直线上的时候,月球才进入地球的阴影,从而引起月食。

月食,通常每年发生一两次,也可能发生三次。有时候,整年都不发生。发生月食时,一般全世界大都可以看到。

月球的盈亏圆缺

月球以月为周期,有规律地变化着它的形状。有时像一个大圆盘,有时像半个圆,有时却像一把弯弯的镰刀。这是怎么回事?

原来,月球的表层是由岩石和尘土构成的,它和地球一样本身不会发光,而是把照在它那里的太阳光反射出来。夜晚,人们看到的月光,就是这种反射光。由于月球是一个"圆球",它只有一半能受到太阳光的照射,能照到光的这一半就是亮的;另一半太阳光照不到,就是暗的。

● 弯弯的月球像一把镰刀

农历每月初一,月球处在太阳和地球之间。这时,月球对着人们的那一面太阳光照不到;而受到太阳光照射的那一面人们见不到。因此,人们看不到月亮,此时即为"新月"或"朔月"。

两三天后,月球改变了位置,太阳光逐渐照亮它向着地球的这半球的边缘部分,人们也就开始看到月球被照亮的一小部分。它好像弯弯的蛾眉,人们称它为"蛾眉

● 十五的月球像一个大圆盘

月"。这以后,月球向着地球的这半球照到的太阳光一天比一天多了,于是弯弯的月牙也就一天比一天"丰满"起来,直到农历初七、初八前后,月球面对人们这半球,有一半可以照到太阳光。人们可以看到半个月亮,即为"上弦月"。

月球逐渐越变越丰满,直到农历十五、十六,地球处于月球和太阳的中间,这时月球对着地球的那一面完全被太阳光照亮。人们就可以看到一个滚圆的月球,这就是"满月",也叫"望月"。

满月之后,月球一天天地"瘦"下去。农历二十二、二十三,又只能看到半个月球,为"下弦月"。又过四五日,又只能看到蛾眉月,直至农历月份的最后一两天,月球又消失了。再过三四天,月球又开始出现,于是开始新的循环。

月球也有自己的月球

　　月球作为地球的卫星，有规律的围绕地球转动，而有些科学家提出，月球也有自己的"月球"，有些天体也在围绕月球转动。

　　1961 年三四月间，科迪列夫斯基在天空中发现了两个相距不太远的雾状斑点。同年 9 月，在另一处又发现了一个类似的雾斑。他认为，每一个雾斑都是由一些大小不同的物质微粒组成的。这些雾斑又都环绕地球运行，轨道跟月球轨道差不多。这三个尘云型的"卫星"离地球的距离大约是 40 万千米，也就是在月球绕地球运行的轨道上。前两个雾斑彼此相距 4 万千米，而两者的共同质量中心位于月球前 40 万千米处。后一个雾斑位于月球后 40 万千米处。因而，这些"卫星"同地球和月球组成两个等边三角形。这三个尘云型"卫星"可以说是月球的邻居，可是除了科迪列夫斯基，没有其他天文学家观测到月球的这些邻居。航天飞行没有对它们做专门的探测，也没有发现这些尘云，所以它们究竟存在与否还是一个谜。

● 工作人员在月球上工作

　　那么，除了"邻居"，月球还有自己的小月球环绕它运行吗？英国天文学家基斯·朗库德认为答案是肯定的。在数十亿年以前的一段时期，月球曾拥有若干个小月球，每个小月球的直径至少有 30 千米，可是到了距今 42 亿～38 亿年前的时候，它们一个个从轨道上陨落，在月面上形成一个个"月

海"。他认为,小月球每次对月球的撞击,撞出大量的岩石,使运行中的月球失去平衡,月球就发生摇晃,使月球的极点移动,然后再恢复到平衡状态。被撞击抛出大量岩石后暴露出的月壳内层逐渐凝结成坚硬的岩层,形成新的盆地("月海"),此时月球就稳定在一个新的极点上了。

● 月 球

这一假说后来得到验证。科学家兰康对阿波罗登月舱取回的月球岩石进行分析研究后,从古地磁学研究方面发现在几十亿年前,月球的极点确实移动过好几次。他辨认出三条分别相应于 42 亿、40 亿和 38.5 亿年以前的月球磁赤道,具有相似年龄的撞击盆地形成的"月海",正好沿这些磁赤道排列着。他也认为这种撞击使月面物质重新分布,改变了月球的转动惯量,从而造成月极移动,这符合上述假说解释的小月球陨击的过程。

● "斯玛特 1 号"探月飞行器发回的照片

但是上述过程还不能最后确证,因为小行星或大陨星撞击月面也可能形成"月海"。还有,天文学家早就提出另一种造"海"过程的假说,认为在遥远的过去,月球自转比现在快得多,由于离心力的作用,那时候月球两极要比现在扁得多,当月球自转变慢时,两极附近的压缩减小了,这就引起了"海"所在位置的区域下沉。同时,在月球的两极地区也发生了由强烈升起造成的破裂。

这不仅说明了"月海"的成因，而且能够解释为什么"月海"呈带状分布，还能说明月谷可能就是月壳的伸张所引起的破裂造成的。人们认为，这种假说是很有道理的。

由于众说纷纭，所以科学家还要搜集更多的证据才能确认月球有过自己的"小月球"。例如：人将来长期在月球上居住后，在月面上各个"海"中进行钻探比较，分析"海"区与"陆"区岩石成分的异同，判断"月海"成因是不是真的是小月球的陨落还是其他原因。另外，将来人类飞往太阳系其他行星的卫星上考察，也可以研究其他类似月球的卫星是否也曾有过自己的伙伴，这能间接地证实小月球陨落假说能不能成立。

有趣的是，英国天文学家目前还发现有第二个"月球"正在围绕地球运行，这个"月球"虽 770 年才围绕地球一圈，但对研究太阳系星体有极大帮助。

英国天文学家指出，第二个"月球"是一个名为"Cruithne"的星，它原是一颗在太空飞行的小行星，因受到地球和太阳的引力吸引而进入地球轨道，成为另一颗地球卫星。"Cruithne"直径只有 3 千米，其轨迹呈偏心圆形，每 770 年环绕地球一圈，预计能最少运行 5 000 年。天文学家称，他们早已知道"Cruithne"的存在，但近期才发现它原来是环绕地球而行的，而这一发现有助于天文学家以数学方法将太阳系星体的运行归类，以及研究小行星撞击地球的可能性。

● 太阳系中的小行星

月球真的有水吗

水是生存所必需的物质之一。月球上有没有水就成为人们开发人类太空新领地的最关心的问题。

●月球勘测卫星将在月球上寻找水

人们普遍认为月球是个没有大气、没有水，非常干燥的世界，"月海"是滴水不存的广阔平原。但一些科学家还是怀疑这个结论。理由是，月球上曾经有过火山活动，火山喷发时会逸出大量的水蒸气。而另一些科学家却对月球上有水持反对意见，他们认为月球的月海和高原是由流动的熔岩流形成的，月球上的水可能全被烤干了。"阿波罗"宇航员带回的月球样本证实了后一种推测，月球土壤和月岩很干燥，而且在形成的几十亿年里始终未受到水的侵蚀。

月球还有没有其他水源呢？从理论上说，是有的。1961年，有科学家提出在漫长的岁月中，撞在月球上的彗星和小

●月球的火山

● 环绕月球飞行的"月球勘探者"探测器

行星,会把自己所携带的水洒在月球上,它们可能以冰的形式贮存在月球两极的环形山中。

怎么发现极冰呢?

月球探测器为技术和安全考虑,着陆点均在月球赤道附近,当然不可能找到极冰。直到 1994 年"克莱门汀"探测器的发现,为月球寻水注入了兴奋剂。美国决定再向月球发射先进的探测器"月球勘探者",最终确定月球上是否有冰表面。

1998 年 1 月 6 日,"月球勘探者"升空,对月球表面进行 7 个星期的扫描。分析资料后,艾伦·宾德博士宣称,"我们找到了水!"他说,月球的水是后来加上去的,水总储量可能在 0.11 亿吨到 3.63 亿吨之间,以水冰的形式埋藏于陨石坑底土壤中, 他们认为, 即使月球上的水储量只有 3300 万吨,也可保证 2 000 人在月面生活 100 多年。

最终证实月球是否有冰湖,还要靠以后飞船上的仪器对月球表面直接取样。如果不需花费太多的钱就可将月球上的水复原成可饮水,将会使月球移民成为可能。

月球将成为第八大洲

登月对于人类走向太空具有里程碑式的意义。

自从"阿波罗 11 号"登月成功以后,联合国就宣布,月球是全人类的财富,月球归全人类共同所有。人类雄心勃勃地设想,在月球上开发一片永久性住人宇宙观测基地,建立人工城市,其后,用大型火箭把人送上月球旅行,或者移民。下个世纪将有成百上千的人定居在月球城市。

日本"月球行星协会"就指出,月面上的真空、太阳能、安静的环境和自然资源很有吸引力。

太阳光携带着宇宙射线穿过 1.5 亿千米左右的真空直达月面,一个直径为 0.061 千米的阳光反射镜就可聚集 3 900 千瓦的能量。充足的太阳能可以保证居民生活、工业、农业的一切需要。

月球岩石大多是含氧化合物,利用太阳能高温可以从月岩中提取氧。氧不仅是人类生存的必需品,而且占化学火箭推进剂成分的 85 %,

●月球岩石

液氧是火箭发动机不可缺少的。月面表层土壤中含稀有同位素元素氦-3,如果加以开发,可以供地球上热核聚变站使用。

月球居住地必须食品自给。月球土壤中作物生长所需的元素与地球土壤大致相同,只是缺少锌、硼、钼等微量元素,但有水后,作物应该能苗壮成长。月球白天黑夜各有14天,植物背阳14天并不会枯萎,向阳的14天则长势加快。太空生物学家建议土壤中可以优先种植蔬菜——西红柿、胡萝卜、茄子、白薯、洋白菜等,再扩大到种粮食和水果,逐步形成月球生态系统。有一个45万平方米的农业区,就可以为10 000名居民提供丰富的食物。

月面的天空清晰无比,观看星象在白天都可进行,遥望地球更别有一番景象。如果在月面建立光学天文望远镜的话,观测清晰度可以比哈勃太空望远镜高10万倍。

月球表面的环形山、山脉、山谷和尘土可以让人置身于在地球上找不到的旷野环境中。

重力只有地球1/6的月面环境是老年人和儿

●月球上的山脉

童非常乐意的去处,摔跌下去不会感到疼痛,爬起来也不费吹灰之力。行动不会老态龙钟,也不会蹒跚学步。

在月球上游泳、跳舞和打球该是一幅多么有趣的画面!

人类和月球的距离在太空时代里越拉越近,也许过不了多久,地球上的人们将到"第八大洲"——月球去,体会"乘风归去"的飘逸,领略广寒宫的"琼楼玉宇"。

但愿我们不仅在地球上生活得好,也在月球上生活得好。

脉冲信号之谜

1968 年 2 月，英国《自然》杂志发表了一篇轰动世界的文章——《观测到脉冲电源》。这种奇特的发射无线电脉冲的天体，后来被命名为脉冲星。这颗脉冲星，就是著名的英国射电天文学家休伊什和贝尔在 1967 年夏天偶然发现的。

他们发现，这个天体很有规律地发射一断一续的脉冲，每经过 1.337 秒就重复

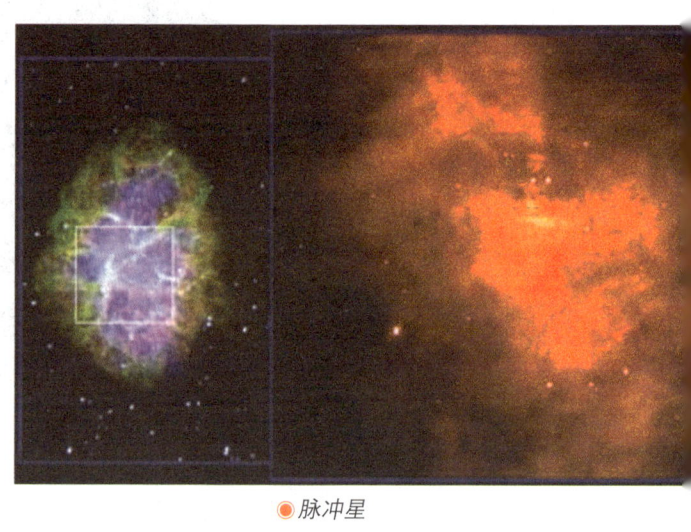

● 脉冲星

一次。开始，他们以为是地球上某个无线电台发射的信号。这一假设很快被否定了。后来又怀疑是从某个具有"超级文明"的星球上发来的电报，后来才肯定这种脉冲信号来自一个未知的天体。

科学家对这种脉冲现象进行了仔细认真的研究，确定这是脉冲星自转的结果。它每自转一周，我们就观察到一次它辐射的电磁波，因此形成了一断一续的脉冲。

这种脉冲星，经研究一致认为就是科学家早已预言过的中子星。早在 1932 年，苏联著名物理学家朗道就推测，宇宙里可能存在一种

● 物理学家朗道

密度很高的、差不多全由中子组成的中子星。1934 年，美国科学家巴德和兹维基又假定说，中子星可能形成于超新星爆发的过程中。休伊什和贝尔的发现，完全符合以上的猜测。第一，只有非常小的天体，才能迅速旋转。脉冲星就具备这个条件，有的最短周期达 0.033 秒。第二，就目前发现的脉冲星来看，其中一部分就存在于超新星

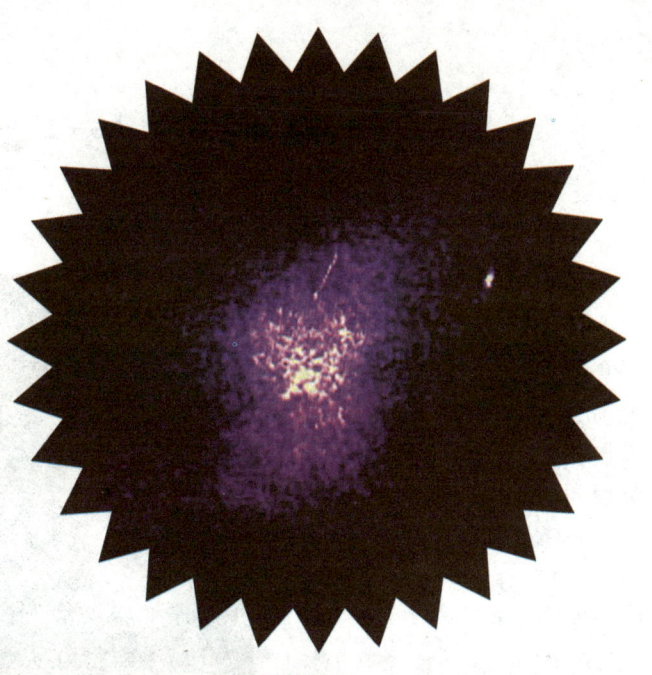

● 蟹状星云

爆发的遗迹中，比如被称为 NP0532 的脉冲星，就位于蟹状星云的中心。经研究发现，脉冲星所在的地方，正好是超新星爆发时应该形成中子星的地方。

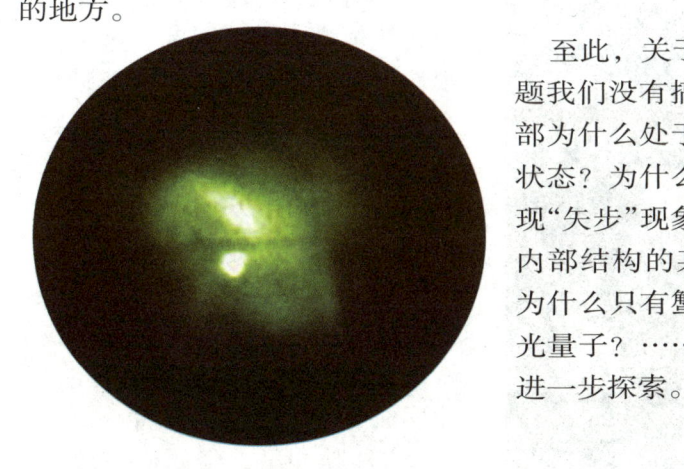

● 蟹状星云脉冲星的 x 射线波段图像

至此，关于脉冲星还有一些问题我们没有搞明白，如脉冲星内部为什么处于超导状态和超流动状态？为什么在周期旋转中会出现"失步"现象？"星震"与脉冲星内部结构的某种改变有联系吗？为什么只有蟹状星云脉冲星发射光量子？……这些问题都有待于进一步探索。

进入太空

让人在地球附近空间或太阳系空间飞行来去自由,是宇宙航行的终极目标。因而,载人航天技术的突破,是最激动人心的事,但也是最复杂、最困难的事。

●火箭升空

人要进入太空,必须解决两个方面的问题。一是如何克服地球强大引力的束缚;二是如何保证生命安全,这是载人航天特有的头等大事。

人们经过千百年的艰辛探索,找到了现代火箭这把登天的"梯子",解决了第一个问题,但对于完全陌生的太空环境,除了从理论上知道是十分恶劣的,在实践上几乎一无所知。如太空环境到底会造成哪些危害?如何才能使生命在太空存活?谁心中也无法确定。还有,运送载人飞船的火箭,发射时产生强烈的振动和噪声,特别是在加速上升和减速返回时,会产生超重,人能够承受得了吗?飞船进入轨道以后,又会处于失重状态,失重又将对人体产生哪些影响?再有,如何从太空返回地球呢?

几乎是在寻找登天梯的同时, 人们就在思考解决这些问题的办法。如指出火箭可作为宇宙航行工具的齐奥尔科夫斯基,就提出在载人宇宙飞船上建立生命保障系统,用旋转产生人工重力等。现代火箭诞生以后,人们立即用火箭将动物送入高空或太空,进行实验。

第二次世界大战后来到美国的布劳恩在 1946 年 12 月,用 V-2 火箭将一些孢子送到 187 千米的高空;1947 年 1 月,又将果蝇送到 170 千米高空；1951 年 4 月 18 日，美国空军用探空火箭将一只猴子送入高空；1951 年 9 月和 1952 年 5 月，又分别将 3 只猴子和 13 只老鼠送入高空。

在苏联，科罗廖夫用地球物理火箭，于 1951 年 6 月和 8 月，两次将 2 只小狗送入高空。

1957 年 11 月 3 日，苏联在第二颗人造地球卫星上，将小狗莱伊卡带进轨道。这是进入太空绕地球飞行的第一只动物。它在卫星的密封舱内生活了 7 天，经受了座舱防热层脱落、温度急剧上升到 40 摄氏度，以及振动、噪声、超重和失重等环境的考验。由于当时还没有解决返回技术问题，莱伊卡注定要在太空死亡，但收集的数据资料表明，动物在太空的生活平静，活动正常。1960 年 8 月，苏联在它的第 5 颗人造地球卫星（卫星式飞船 2 号）上，又将小狗别洛卡、斯特雷卡和 50 只老鼠送入轨道，飞行两昼夜后平安返回。此后，又在卫星式飞船 3~5 号上携带小狗进行飞行和返回试验。在加加林上天飞行之前，苏联用探空火箭、卫星和飞船，共进行 38 次动物飞行实验。

美国于 1958 年 12 月，在一枚"丘比特"火箭的鼻锥部放进一只长尾猴，将它送入高空；1959 年 5 月 28 日，发射一艘试验性飞船，将两只猴子送入高空；1958 年 10 月到 1963 年 5 月实施的第一个载人飞行计划——"水星"计划，在谢泼德和格里索姆两次亚轨道飞行中，两次载猩猩进行动物飞行试验。

载人飞行成功以后，美国、苏联继续用动物进行太空飞行试验。因为如何保证太空飞行生命的安全，还有许多深奥的问题需要通过动物实验来解决。

从 20 世纪 60 年代开始，我国也用生物火箭和返回式卫星进行动物飞行实验，如 1966 年 7 月小狗"小豹"和"姗姗"进入高空并安全返回。1990 年和 1996 年又用返回式卫星进行了搭载老鼠等的实验。2003 年 10 月 15 日，我国研制的"神舟"五号载人飞船发射成功，把航天员杨利伟带入太空，16 日"神舟"五号顺利返回。我国载人飞船首次航天圆满成功。